建設業法／入契法改正法
〔令和６年〕

法律·新旧対照条文等

〈重要法令シリーズ130〉

信山社
6110-0101

＜目　次＞

建設業法及び公共工事の入札及び契約の適正化の促進に関する法律の一部を改正する法律案要綱

第一　建設業法の一部改正

一　請負契約における書面の記載事項の追加

建設工事の請負契約における書面の記載事項に、価格等の変動又は変更に基づく請負代金の額の算定方法に関する定め等を追加するものとすること。（第十九条第一項関係）

二　建設業者による不当に低い請負代金による請負契約の締結の禁止

建設業者は、自らが保有する低廉な資材を建設工事に用いることができること等の正当な理由がある場合を除き、その請け負う建設工事を施工するために通常必要と認められる原価に満たない金額を請負代金の額とする請負契約を締結してはならないものとすること。（第十九条の三第二項関係）

三　建設業者による著しく短い工期による請負契約の締結の禁止

建設業者は、その請け負う建設工事を施工するために通常必要と認められる期間に比して著しく短い期間を工期とする請負契約を締結してはならないものとすること。（第十九条の五第二項関係）

四　著しく低い額による建設工事の見積りの禁止等

1　建設業者は、建設工事の請負契約を締結するに際しては、工事内容に応じ、工事の種別ごとの材料費、労務費及び当該建設工事に従事する労働者による適正な施工を確保するために不可欠な経費（以下「材料費等」という。）その他当該建設工事の施工のために必要な経費の内訳等を記載した建設工事の見積書（以下「材料費等記載見積書」という。）を作成するよう努めるものとし、材料費等記載見積書に記載する材料費等の額は、当該建設工事を施工するために通常必要と認められる材料費等の額を著しく下回るものであってはならないものとすること。（第二十条第一項及び第二項関係）

2　建設工事の注文者は、建設工事の請負契約を締結するに際しては、当該建設工事に係る材料費等記載見積書の内容を考慮するよう努めるものとし、建設業者は、建設工事の注文者から請求があったときは、請負契約が成立するまでに当該材料費等記載見積書を交付しなければならないものとすること。（第二十条第四項関係）

3　建設工事の注文者は、材料費等記載見積書を交付した建設業者に対し、その材料費等の額について当該建設工事を施工するために通常必要と認められる材料費等の額を著しく下回ることとなるような変更を求めてはならないものとし、これに違反した発注者が当該求めに応じて変更された見積書の内容に基づき建設業者と請負契約を締結した場合において、国土交通大臣等は、当該建設工事の適正な施工の確保を図るため特に必要があると認めるときは当該発注者に対して必要な勧告等をすることができるものとすること。

（第二十条第六項から第八項まで関係）

五　工期等に影響を及ぼす事象に関する情報の通知等

1　建設業者は、その請け負う建設工事について、主要な資材の供給の著しい減少、資材の価格の高騰等の工期又は請負代金の額に影響を及ぼす事象が発生するおそれがあると認めるときは、請負契約を締結するまでに、注文者に対してその旨を当該事象の状況の把握のため必要な情報と併せて通知しなければならないものとすること。

（第二十条の二第二項関係）

2　1の規定による通知をした建設業者は、請負契約の締結後、当該通知に係る事象が発生した場合には、注文者に対して工期の変更、工事内容の変更又は請負代金の額の変更についての協議を申し出ることができるものとし、当該協議の申出を受けた注文者は、正当な理由がある場合を除き誠実に当該協議に応ずるよう努めるものとすること。

（第二十条の二第三項及び第四項関係）

六　労働者の適切な処遇の確保に関する建設業者の責務

建設業者は、その労働者が有する知識、技能その他の能力についての公正な評価に基づく適正な賃金の支払その他の労働者の適切な処遇を確保するための措置を効果的に実施するよう努めるものとすること。

（第二十五条の二十七第二項関係）

七　情報通信技術を活用した建設工事の適正な施工の確保

1　特定建設業者は、工事の施工の管理に関する情報システムの整備等の建設工事の適正な施工を確保するために必要な情報通信技術の活用に関し必要な措置を講ずるよう努めるとともに、発注者から直接建設工事を請け負った場合においては、当該建設工事の下請負人が、その下請負に係る建設工事の施工に関して当該特定建設業者が講ずる当該措置の実施のために必要な措置を講ずることができることとなるよう、当該下請負人の指導に努めるものとすること。

（第二十五条の二十八第一項及び第二項関係）

2　国土交通大臣は、1に規定する措置に関して、その適切かつ有効な実施を図るための指針となるべき事項を定め、これを公表するものとすること。

（第二十五条の二十八第三項関係）

八　監理技術者等の専任義務の緩和

工事現場ごとに主任技術者又は監理技術者（以下「監理技術者等」という。）を専任で置くべき建設工事について、監理技術者等が当該建設工事の工事現場の状況の確認等の職務を情報通信技術の利用により行うため必要な措置が講じられる等の要件に該当する場合には、当該監理技術者等の専任を要しないものとすること。

（第二十六条第三項関係）

九　営業所技術者等に関する監理技術者等の職務の特例

建設業者は、工事現場ごとに監理技術者等を専任で置くべき建設工事について、その営業所の営業所技術者等（建設工事の請負契約の締結及び履行の業務に関する技術上の管理をつかさどる者であって一定の要件を満たす者をいう。）が当該営業所及び当該建設工事の工事現場の状況の確認等の職務を情報通信技術の利用により行うため必要な措置が講じられる等の要件に該当する場合には、当該営業所技術者等に監理技術者等の職務を兼ねて行わせることができるものとすること。

（第二十六条の五関係）

十　建設工事の労務費に関する基準の作成等

中央建設業審議会は、建設工事の労務費に関する基準を作成し、その実施を勧告することができるものとすること。

（第三十四条第二項関係）

十一　国土交通大臣による調査等

国土交通大臣は、請負契約の適正化及び建設工事に従事する者の適正な処遇の確保を図るため、建設業者に対して、建設工事の請負契約の締結の状況、五の規定による通知又は協議の状況、六に規定する措置の実施の状況等の事項につき必要な調査及びその結果の公表を行うとともに、中央建設業審議会に対し、当該結果を報告するものとすること。（第四十条の四関係）

十二　その他所要の改正を行うものとすること。

第二　公共工事の入札及び契約の適正化の促進に関する法律の一部改正

一　公共工事の受注者の違反行為に関する事実の通知

各省各庁の長等は、公共工事の受注者である建設業者が第一の二、三又は四の1若しくは3に違反したと疑うに足りる事実があるときは、国土交通大臣等に対し、その事実を通知しなければならないものとすること。（第十一条関係）

二　入札金額の内訳の提出

建設業者が公共工事の入札に係る申込みの際に提出する書類のうち、入札金額の内訳を記載した書類

において材料費等を記載することを明確化するものとすること。（第十二条関係）

三　工期等に影響を及ぼす事象が発生した場合における各省各庁の長等の責務

各省各庁の長等は、公共工事について、その工期又は請負代金の額に影響を及ぼす事象が発生した場合において、公共工事の受注者が請負契約の変更について協議を申し出たときは、誠実に当該協議に応じなければならないものとすること。（第十三条第二項関係）

四　情報通信技術を利用した公共工事における施工体制台帳の写しの提出義務の緩和

公共工事であって、発注者から直接請け負った建設業者が当該公共工事に関する工事現場の施工体制等を記載した施工体制台帳を作成するべきものにおいて、発注者が当該施工体制を情報通信技術を利用する方法により確認することができる場合には、当該建設業者において施工体制台帳の写しの提出を要しないものとすること。（第十五条第二項関係）

五　情報通信技術を活用した公共工事の適正な施工の確保

1　公共工事の受注者である建設業者は、工事の施工の管理に関する情報システムの整備等の建設工事の適正な施工を確保するために必要な情報通信技術の活用に関し必要な措置を講ずるよう努めるとともに、発注者から直接建設工事を請け負った場合においては、当該建設工事の下請負人が、その下請負に係る建設工事の施工に関して当該建設業者が講ずる当該措置の実施のために必要な措置を講ずることができることとなるよう、当該下請負人の指導に努めるものとすること。（第十六条関係）

2　各省各庁の長等は、1の措置が適確に講じられるよう、当該建設業者に対し、必要な助言、指導等の援助を行うよう努めるものとすること。（第十七条第二項関係）

六　その他所要の改正を行うものとすること。

第三　附則

一　この法律は、一部の規定を除き、公布の日から起算して一年六月を超えない範囲内において政令で定める日から施行するものとすること。（附則第一条関係）

二　所要の経過措置を定めるものとすること。（附則第二条から第四条まで関係）

三　この法律による改正後のそれぞれの法律の施行状況に関する検討規定を設けるものとすること。（附則第五条関係）

建設業法及び公共工事の入札及び契約の適正化の促進に関する法律の一部を改正する法律

（建設業法の一部改正）

第一条　建設業法（昭和二十四年法律第百号）の一部を次のように改正する。

第五条第五号中「第七条第二号イ、ロ又はハに該当する者」を「第七条第二号に規定する営業所技術者」に改める。

第七条第二号中「ごとに」の下に「、営業所技術者（建設工事の請負契約の締結及び履行の業務に関する技術上の管理をつかさどる者であつて」を加え、「で専任のものを」を「をいう。第十一条第四項及び第二十六条の五において同じ。）を専任の者として」に改め、同号イ中「第二十六条の七第一項第二号ロ」を「第二十六条の八第一項第二号ロ」に改める。

第十一条第四項中「第七条第二号イ、ロ又はハに該当する者として証明された者」を「営業所技術者」に、「同号ハ」を「第七条第二号ハ」に改める。

第十五条第二号中「次の」を「、特定営業所技術者（建設工事の請負契約の締結及び履行の業務に関する技術上の管理をつかさどる者であつて、次の」に、「で専任のものを」を「をいう。第二十六条の五において同じ。）を専任の者として」に改める。

第十七条中「第五条第五号中「第七条第二号イ、ロ又はハ」を「第五条第五号中「第七条第二号に規定する営業所技術者」に、「第十五条第二号イ、ロ又はハ」を「第十五条第二号に規定する特定営業所技術者」に、「第七条第一号及び」を「次条第一号及び」に、「第十一条第四項中「第七条第二号イ、ロ又はハ」を「第十一条第四項中「営業所技術者」に、「同号ハ」を「第七条第二号ハ」に改める。

第十九条第一項第八号中「若しくは変更に基づく請負代金の額又は工事内容の変更」を「又は変更に基づく工事内容の変更又は請負代金の額の変更及びその額の算定方法に関する定め」に改める。

第十九条の三に次の一項を加える。

2　建設業者は、自らが保有する低廉な資材を建設工事に用いることができることその他の国土交通省令で定める正当な理由がある場合を除き、その請け負う建設工事を施工するために通常必要と認められる原価に満たない金額を請負代金の額とする請負契約を締結してはならない。

第十九条の五に次の一項を加える。

2　建設業者は、その請け負う建設工事を施工するために通常必要と認められる期間に比して著しく短い期間を工期とする請負契約を締結してはならない。

第十九条の六第一項中「第十九条の三」を「第十九条の三第一項」に改め、同条第二項中「前条」を「前条第一項」に改める。

第二十条第一項中「際して」を「際しては」に、「その他の経費」を「及び当該建設工事に従事する労働者による適正な施工を確保するために不可欠な経費として国土交通省令で定めるもの（以下この条において「材料費等」という。）その他当該建設工事の施工のために必要な経費」に、「明らかにして、建設工事の見積りを行う」を「記載した建設工事の見積書（以下この条において「材料費等記載見積書」という。）を作成する」に改め、同条第四項を削り、同条第三項中「見積書」を「材料費等記載見積書」に改め、同項を同条第五項とし、同条第二項中「建設業者」を「建設工事の注文者は、建設工事の請負契約を締結するに際しては、当該建設工事に係る材料費等記載見積書の内容を考慮するよう努めるものとし、建設業者」に、「の間に、建設工事の見積書」を「に、当該材料費等記載見積書」に改め、同項を同条第四項とし、同条第一項の次に次の二項を加える。

2　前項の場合において、材料費等記載見積書に記載する材料費等の額は、当該建設工事を施工するために通常必要と認められる材料費等の額を著しく下回るものであつてはならない。

3　建設工事の注文者は、請負契約の方法が随意契約による場合にあつては契約を締結するまでに、入札の方法により競争に付する場合にあつては入札を行うまでに、第十九条第一項各号（第二号を除く。）に掲げる事項について、できる限り具体的な内容を提示し、かつ、当該提示から当該契約の締結又は入札までの間に、建設業者が当該建設工事の見積りをするために必要な期間として政令で定める期間を設けなければならない。

第二十条に次の三項を加える。

6　建設工事の注文者は、第四項の規定により材料費等記載見積書を交付した建設業者（建設工事の注文者が同項の請求をしないで第一項の規定により作成された材料費等記載見積書の交付を受けた場合における当該交付をした建設業者を含む。次項において同じ。）に対し、その材料費等の額について当該建設工事を施工するために通常必要と認められる材料費等の額を著しく下回ることとなるような変更を求めてはならない。

7　前項の規定に違反した発注者が、同項の求めに応じて変更された見積書の内容に基づき建設業者と請負契約（当該請負契約に係る建設工事を施工するために通常必要と認められる費用の額が政令で定める金額以上であるものに限る。）を締結した場合において、当該建設工事の適正な施工の確保を図るため特に必要があると認めるときは、当該建設業者の許可をした国土交通大臣又は都道府県知事は、当該発注者に対して必要な勧告をすることができる。

8　前条第三項及び第四項の規定は、前項の勧告について準用する。

第二十条の二の見出し中「提供」を「通知等」に改め、同条中「までに」の下に「、国土交通省令で定めるところにより」を加え、「その旨及び」を「その旨を」に、「を提供しなければ」を「と併せて通知しなければ」に改め、同条に次の三項を加える。

2　建設業者は、その請け負う建設工事について、主要な資材の供給の著しい減少、資材の価格の高騰その他の工期又は請負代金の額に影響を及ぼすものとして国土交通省令で定める事象が発生するおそれがあると認めるときは、請負契約を締結するまでに、国土交通省令で定めるところにより、注文者に対して、その旨を当該事象の状況の把握のため必要な情報と併せて通知しなければならない。

3　前項の規定による通知をした建設業者は、同項の請負契約の締結後、当該通知に係る同項に規定する事象が発生した場合には、注文者に対して、第十九条第一項第七号又は第八号の定めに従つた工期の変更、工事内容の変更又は請負代金の額の変更についての協議を申し出ることができる。

4　前項の協議の申出を受けた注文者は、当該申出が根拠を欠く場合その他正当な理由がある場合を除き、誠実に当該協議に応ずるよう努めなければならない。

第二十四条の五中「第十九条の三」を「第十九条の三第一項」に改める。

第二十五条の二十七第三項中「前二項の施工技術の確保並びに知識及び技術又は技能の向上」を「前三項の規定による取組」に改め、同項を同条第四項とし、同条第二項を同条第三項とし、同条第一項の次に次の一項を加える。

2　建設業者は、その労働者が有する知識、技能その他の能力についての公正な評価に基づく適正な賃金の支払その他の労働者の適切な処遇を確保するための措置を効果的に実施するよう努めなければならない。

第二十五条の二十七の次に次の一条を加える。

（建設工事の適正な施工の確保のために必要な措置）

第二十五条の二十八　特定建設業者は、工事の施工の管理に関する情報システムの整備その他の建設工事の適正な施工を確保するために必要な情報通信技術の活用に関し必要な措置を講ずるよう努めなければならない。

２　発注者から直接建設工事を請け負つた特定建設業者は、当該建設工事の下請負人が、その下請負に係る建設工事の施工に関し、当該特定建設業者が講ずる前項に規定する措置の実施のために必要な措置を講ずることができることとなるよう、当該下請負人の指導に努めるものとする。

３　国土交通大臣は、前二項に規定する措置に関して、その適切かつ有効な実施を図るための指針となるべき事項を定め、これを公表するものとする。

第二十六条第三項ただし書を次のように改める。

ただし、次に掲げる主任技術者又は監理技術者については、この限りでない。

一　当該建設工事が次のイからハまでに掲げる要件のいずれにも該当する場合における主任技術者又は監理技術者

イ　当該建設工事の請負代金の額が政令で定める金額未満となるものであること。

ロ　当該建設工事の工事現場間の移動時間又は連絡方法その他の当該工事現場の施工体制の確保のために必要な事項に関し国土交通省令で定める要件に適合するものであること。

ハ　主任技術者又は監理技術者が当該建設工事の工事現場の状況の確認その他の当該工事現場に係る第二十六条の四第一項に規定する職務を情報通信技術を利用する方法により行うため必要な措置として国土交通省令で定めるものが講じられるものであること。

二　当該建設工事の工事現場に、当該監理技術者の行うべき第二十六条の四第一項に規定する職務を補佐する者として、当該建設工事に関し第十五条第二号イ、ロ又はハに該当する者に準ずる者として政令で定める者を専任で置く場合における監理技術者

第二十六条第四項中「、同項ただし書」を「、同項各号の建設工事」に、「特例監理技術者（同項ただし書の規定の適用を受ける監理技術者をいう。次項において同じ。）がその行うべき」を「主任技術者又は監理技術者が」に、「実施」を「遂行」に改め、同条第五項中「特例監理技術者を含む」を「同項各号に規定する監理技術者を含む。次項において同じ」に、「第二十六条の五から第二十六条の七まで」を「第二十六条の六から第二十六条の八まで」に改める。

第二十六条の二十二第二号中「第二十六条の十」を「第二十六条の十一」に改め、同条第三号中「第二十六条の十二」を「第二十六条の十三」に改め、同条第四号中「第二十六条の十六」を「第二十六条の十七」に改め、同条第五号中「第二十六条の十八」を「第二十六条の十九」に改め、同条を第二十六条の二十三とする。

第二十六条の二十一第一項中「この法律の施行」を「講習の業務の適正な実施を確保するため」に、「業務」を「その業務」に改め、同条を第二十六条の二十二とする。

第二十六条の二十中「この法律の施行」を「講習の業務の適正な実施を確保するため」に改め、同条を第二十六条の二十一とし、第二十六条の十九を第二十六条の二十とする。

第二十六条の十八第一項中「第二十六条の十二」を「第二十六条の十三」に、「第二十六条の十六」を「第二十六条の十七」に改め、同条を第二十六条の十九とし、第二十六条の十七を第二十六条の十八とする。

第二十六条の十六第一号中「第二十六条の六第一号」を「第二十六条の七第一号」に改め、同条第二号中「第二十六条の十から第二十六条の十二まで、第二十六条の十三第一項」を「第二十六条の十一から第二十六条の十三まで、第二十六条の十四第一項」に改め、同条第三号中「第二十六条の十三第二項各号の規定による」を「第二十六条の十四第二項各号の」に改め、同条を第二十六条の十七とする。

第二十六条の十五中「第二十六条の九」を「第二十六条の十」に改め、同条を第二十六条の十六とする。

第二十六条の十四中「第二十六条の七第一項」を「第二十六条の八第一項」に改め、同条を第二十六条の十五とする。

第二十六条の十三第二項第四号中「電磁的方法」を「電子情報処理組織を使用する方法その他の情報通信の技術を利用する方法」に改め、同条を第二十六条の十四とする。

第二十六条の十二中「廃止しようとする」を「廃止する」に改め、同条を第二十六条の十三とし、第二十六条の十一を第二十六条の十二とする。

第二十六条の十中「第二十六条の七第二項第二号」を「第二十六条の八第二項第二号」に改め、同条を第二十六条の十一とする。

第二十六条の九中「第二十六条の七第一項第一号」を「第二十六条の八第一項第一号」に改め、同条を

第二十六条の十とし、第二十六条の八を第二十六条の九とする。

第二十六条の七第一項中「第二十六条の五」を「第二十六条の六」に改め、同条第二項第二号中「単に」を削り、同条を第二十六条の八とする。

第二十六条の六第二号中「第二十六条の十六」を「第二十六条の十七」に改め、同条を第二十六条の七とし、第二十六条の五を第二十六条の六とする。

第二十六条の四の次に次の一条を加える。

（営業所技術者等に関する主任技術者又は監理技術者の職務の特例）

第二十六条の五　建設業者は、第二十六条第三項本文に規定する建設工事が次の各号に掲げる要件のいずれにも該当する場合には、第七条（第二号に係る部分に限る。）又は第十五条（第二号に係る部分に限る。）及び同項本文の規定にかかわらず、その営業所の営業所技術者又は特定営業所技術者について、営業所技術者にあつては第二十六条第一項の規定により当該工事現場に置かなければならない主任技術者の職務を、特定営業所技術者にあつては当該主任技術者又は同条第二項の規定により当該工事現場に置かなければならない監理技術者の職務を兼ねて行わせることができる。

一　当該営業所において締結した請負契約に係る建設工事であること。
二　当該建設工事の請負代金の額が政令で定める金額未満となるものであること。
三　当該営業所と当該建設工事の工事現場との間の移動時間又は連絡方法その他の当該営業所の業務体制及び当該工事現場の施工体制の確保のために必要な事項に関し国土交通省令で定める要件に適合するものであること。
四　営業所技術者又は特定営業所技術者が当該営業所及び当該建設工事の工事現場の状況の確認その他の当該営業所における建設工事の請負契約の締結及び履行の業務に関する技術上の管理に係る職務並びに当該工事現場に係る前条第一項に規定する職務（次項において「営業所職務等」という。）を情報通信技術を利用する方法により行うため必要な措置として国土交通省令で定めるものが講じられるものであること。

2　前項の規定は、同項の工事現場の数が、営業所技術者又は特定営業所技術者が当該工事現場に係る主任技術者又は監理技術者の職務を兼ねて行つたとしても営業所職務等の適切な遂行に支障を生ずるおそれがないものとして政令で定める数を超えるときは、適用しない。

３　第一項の規定により監理技術者の職務を兼ねて行う特定営業所技術者は、第二十七条の十八第一項の規定による監理技術者資格者証の交付を受けている者であつて、第二十六条第五項の講習を受講したものでなければならない。

４　前項の特定営業所技術者は、発注者から請求があつたときは、監理技術者資格者証を提示しなければならない。

第二十七条の十二の見出しを「（報告徴収及び立入検査）」に改め、同条第一項中「必要があると認めるときは」を「に必要な限度において」に、「対して、」を「対して」に改め、同条第二項中「第二十六条の二十一第二項」を「第二十六条の二十二第二項」に改める。

第二十七条の二十四第一項中「第二十七条の三十一」の下に「の規定」を加え、「第二十六条の六」を「第二十六条の七」に改める。

第二十七条の三十二中「第二十六条の六、第二十六条の八から第二十六条の十七まで及び第二十六条の二十から第二十六条の二十二まで」を「第二十六条の七、第二十六条の九から第二十六条の十八まで及び第二十六条の二十一から第二十六条の二十三まで」に改め、同条の表第二十六条の六の項中「第二十六条の六」を「第二十六条の七」に改め、同表第二十六条の六第二号の項中「第二十六条の六第二号」を「第二十六条の七第二号」に改め、同表第二十六条の六第三号の項中「第二十六条の六第三号」を「第二十六条の七第三号」に改め、同表第二十六条の八第一項、第二十六条の十六第五号並びに第二十六条の二十二第一号及び第四号の項中「第二十六条の八第一項、第二十六条の十六第五号並びに第二十六条の二十二第一号」を「第二十六条の九第一項、第二十六条の十七第五号並びに第二十六条の二十三第一号」に改め、同表第二十六条の八第二項の項中「第二十六条の八第二項」を「第二十六条の九第二項」に、「第二十六条の六」を「第二十六条の七」に改め、同表第二十六条の九の見出しの項中「第二十六条の九」を「第二十六条の十」に改め、同表第二十六条の九の項中「第二十六条の九」を「第二十六条の十」に、「第二十六条の七第一項第一号」を「第二十六条の八第一項第一号」に改め、同表第二十六条の十の項中「第二十六条の十」を「第二十六条の十一」に、「第二十六条の七第二項第二号」を「第二十六条の八第二項第二号」に改め、同表第二十六条の十一（見出しを含む。）の項中「第二十六条の十一」を「第二十六条の十二」に改め、同表第二十六条の十一第一項の項中「第二十六条の十一第一項」を「第二十六条の十二第一項」に改め、同表第二十六条の十一第一項、第二十六条の十二並びに第二十六条の二十二第四号及び第五号の項中「第二十六条の十一第一項、第二十六条の十二並びに第二十六条の二十二第四号」を「第二十六条の十二第一項、第二十六条の十三並びに第二十六条の二十三第四号」に改め、同表第二十六条の十一第二項及び第二十六条の十五の項中「第二十六条の十一第二項及び第二十六条の十五」を「第二十六条の十二第二項、第二十六条の十六、第二十六条の二十一及び第二十六条の二十二第一項」に改め、同表第二十六条の十一第二項及び第二十六条の十七の項中「第二十六条の十一第二項及び第二十六条の十七」を「第二十六条の十二第二項及び第二十六条の十八」に改め、同表第二十六条の十三第二項の項中「第二十六条の十三第二項」を「第二十六条の十四第二項」に改め、同表第二十六条の十四の項中「第二十六条の十四」を「第二十六条の十五」に、「第二十六条の七第一項」を「第二十六条の八第一項」に改め、同表第二十六条の十五の項中「第二十六条の十五」を「第二十六条の十六」に、「第二十六条の九」を「第二十六条の十」に改め、同表第二十六条の十六の項中「第二十六条の十六」を「第二十六条の十七」に改め、同表第二十六条の二十二第五号の項中「第二十六条の二十二第五号」を「第二十六条の二十三第五号」に、「第二十六条の十八」を「第二十六条の十九」に改める。

第二十七条の三十五第一項中「第二十六条の十二」を「第二十六条の十三」に、「第二十六条の十六」

を「第二十六条の十七」に改める。

第二十八条第一項中「第十九条の三」を「第十九条の三第一項」に改める。

第三十一条の見出しを「（報告徴収及び立入検査）」に改め、同条第一項中「すべて」を「全て」に、「特に必要があると認めるときは」を「この法律の施行に必要な限度において」に、「につき、」を「に関し」に、「徴し」を「求め」に、「をして」を「に、」に改め、同条第二項中「第二十六条の二十一第二項」を「第二十六条の二十二第二項」に改める。

第三十四条第一項中「この法律、公共工事の前払金保証事業に関する法律及び入札契約適正化法によりその権限に属させられた事項を処理するため、」を削り、「設置する」を「置く」に改め、同条第二項中「中央建設業審議会は」の下に「、第二十七条の二十三第三項の規定によりその権限に属させられた事項を処理するほか」を、「標準請負契約約款」の下に「、建設工事の工期及び労務費に関する基準」を加え、「、予定価格」を「並びに予定価格」に改め、「並びに建設工事の工期に関する基準」を削り、同条に次の一項を加える。
3　前項に規定するもののほか、中央建設業審議会は、公共工事の前払金保証事業に関する法律及び入札契約適正化法の規定によりその権限に属させられた事項を処理する。

第四十条の三の次に次の一条を加える。

（国土交通大臣による調査等）

第四十条の四　国土交通大臣は、請負契約の適正化及び建設工事に従事する者の適正な処遇の確保を図るため、建設業者に対して、建設工事の請負契約の締結の状況、第二十条の二第二項から第四項までの規定による通知又は協議の状況、第二十五条の二十七第二項に規定する措置の実施の状況その他の国土交通省令で定める事項につき、必要な調査を行い、その結果を公表するものとする。

2　国土交通大臣は、中央建設業審議会に対し、第三十四条第二項に規定する基準の作成に資するよう、前項の調査の結果を報告するものとする。この場合において、国土交通大臣は、中央建設業審議会の求めがあつたときは、その内容について説明をしなければならない。

第四十一条の二第五項中「第二十六条の二十一第二項」を「第二十六条の二十二第二項」に改める。

第四十二条の前の見出しを削り、同条に見出しとして「（公正取引委員会への措置請求等）」を付し、同条第一項中「第十九条の三」を「第十九条の三第一項」に改める。

第四十二条の二に見出しとして「（中小企業庁長官による措置）」を付し、同条第一項中「職員に」を「職員に、」に改め、同条第二項中「第二十六条の二十一第二項」を「第二十六条の二十二第二項」に改め、同条第三項中「報告又は検査」を「報告徴収又は立入検査」に、「第十九条の三」を「第十九条の三第一項」に改める。

第四十七条第一項中「者は」を「ときは、その違反行為をした者は」に改め、同項各号中「者」を「とき。」に改める。

第四十九条中「第二十六条の十六」を「第二十六条の十七」に改める。

第五十条第一項中「者は」を「ときは、その違反行為をした者は」に改め、同項各号中「者」を「とき。」に改める。

第五十一条第一号中「第二十六条の十二」を「第二十六条の十三」に改め、同条第二号中「第二十六条の十七」を「第二十六条の十八」に改め、同条第三号中「第二十六条の二十（」を「第二十六条の二十一（」に、「第二十六条の二十一」を「第二十六条の二十二」に改める。

第五十四条中「第二十六条の十三第一項」を「第二十六条の十四第一項」に、「第二十六条の十三第二項各号」を「第二十六条の十四第二項各号」に改める。

別表第二中「第二十六条の七」を「第二十六条の八」に改める。

（公共工事の入札及び契約の適正化の促進に関する法律の一部改正）

第二条　公共工事の入札及び契約の適正化の促進に関する法律（平成十二年法律第百二十七号）の一部を次のように改正する。

目次中「第十六条」を「第十七条」に、「第十七条―第二十条」を「第十八条―第二十一条」に、「第二十一条・第二十二条」を「第二十二条・第二十三条」に改める。

第十一条第二号中「第十九条の五」を「第十九条の三第二項、第十九条の五、第二十条第二項若しくは第六項」に改める。

第十二条中「内訳」の下に「（材料費、労務費及び当該公共工事に従事する労働者による適正な施工を確保するために不可欠な経費として国土交通省令で定めるものその他当該公共工事の施工のために必要な経費の内訳をいう。）」を加える。

第十三条に次の一項を加える。

２　各省各庁の長等は、公共工事について、主要な資材の供給の著しい減少、資材の価格の高騰その他の工期又は請負代金の額に影響を及ぼすものとして国土交通省令で定める事象が発生した場合において、公共工事の受注者が請負契約の内容の変更について協議を申し出たときは、誠実に当該協議に応じなければならない。

第十五条第二項中「単に」を削り、「）は」の下に「、当該公共工事に関する工事現場の施工体制を発注者が情報通信技術を利用する方法により確認することができる措置として国土交通省令で定めるものを講じている場合を除き」を加え、同条第三項中「次条」を「第十七条第一項」に改める。

第二十二条を第二十三条とし、第二十一条を第二十二条とし、第六章中第二十条を第二十一条とし、第十七条から第十九条までを一条ずつ繰り下げる。

第十六条に次の一項を加える。

２　前項に規定するもののほか、同項の各省各庁の長等は、前条の規定により読み替えて適用する建設業法第二十五条の二十八第一項及び第二項に規定する措置が適確に講じられるよう、これらの規定に規定する建設業者に対し、必要な助言、指導その他の援助を行うよう努めなければならない。

第五章中第十六条を第十七条とし、第十五条の次に次の一条を加える。

（公共工事の適正な施工の確保のために必要な措置）

第十六条　公共工事についての建設業法第二十五条の二十八の規定の適用については、同条第一項及び第二項中「特定建設業者」とあるのは、「建設業者」とする。

附　則

（施行期日）

第一条　この法律は、公布の日から起算して一年六月を超えない範囲内において政令で定める日から施行する。ただし、次の各号に掲げる規定は、当該各号に定める日から施行する。

一　附則第四条の規定　公布の日

二　第一条（建設業法第三十四条の改正規定及び同法第四十条の三の次に一条を加える改正規定に限る。）の規定及び次条第一項の規定　公布の日から起算して三月を超えない範囲内において政令で定める日

三　第一条（建設業法第十九条の三に一項を加える改正規定、同法第十九条の五に一項を加える改正規

定、同法第十九条の六の改正規定、同法第二十四条の五の改正規定、同法第二十条の改正規定、同法第二十八条第一項の改正規定、同法第三十四条の改正規定、同法第四十条の三の次に一条を加える改正規定、同法第四十二条第一項の改正規定及び同法第四十二条の二第三項の改正規定（「第十九条の三」を「第十九条の三第一項」に改める部分に限る。）を除く。）及び第二条（公共工事の入札及び契約の適正化の促進に関する法律第十一条第二号の改正規定及び同法第十二条の改正規定を除く。）の規定並びに次条第二項及び附則第三条の規定　公布の日から起算して六月を超えない範囲内において政令で定める日

（建設業法の一部改正に伴う経過措置）

第二条　前条第二号に掲げる規定の施行の日から同条第三号に掲げる規定の施行の日（次項及び次条において「第三号施行日」という。）の前日までの間における第一条のうち建設業法第四十条の三の次に一条を加える改正規定による改正後の同法第四十条の四第一項の規定の適用については、同項中「建設工事の請負契約の締結の状況、第二十条の二第二項から第四項までの規定による通知又は協議の状況、第二十五条の二十七第二項に規定する措置の実施の状況」とあるのは、「建設工事の請負契約の締結の状況」とす

る。

2　第一条のうち建設業法第十九条第一項第八号の改正規定による改正後の同法第十九条第一項（第八号に係る部分に限る。）の規定は、第三号施行日以後に締結される建設工事の請負契約に係る書面に記載する内容について適用し、第三号施行日前に締結された建設工事の請負契約に係る書面に記載された内容については、なお従前の例による。

3　第一条のうち建設業法第十九条の三に一項を加える改正規定及び同法第十九条の五に一項を加える改正規定による改正後の同法第十九条の三第二項及び第十九条の五第二項の規定は、この法律の施行の日（次項において「施行日」という。）前に締結された建設工事の請負契約については、適用しない。

4　第一条のうち建設業法第二十条の改正規定による改正後の同法第二十条の規定は、施行日以後に建設業者が建設工事の注文者に同条第一項の材料費等記載見積書を交付する場合について適用し、施行日前に建設業者が建設工事の注文者に建設工事の見積書を交付した場合については、なお従前の例による。

（罰則に関する経過措置）

第三条　第三号施行日前にした行為に対する罰則の適用については、なお従前の例による。

（政令への委任）

第四条　前二条に定めるもののほか、この法律の施行に関し必要な経過措置は、政令で定める。

（検討）

第五条　政府は、この法律の施行後五年を目途として、この法律による改正後のそれぞれの法律の規定について、その施行の状況等を勘案して検討を加え、必要があると認めるときは、その結果に基づいて所要の措置を講ずるものとする。

理　由

建設業を取り巻く社会経済情勢の変化等に鑑み、建設工事の適正な施工の確保を図るため、建設業者による通常必要と認められる原価に満たない金額を請負代金とする請負契約又は著しく短い期間を工期とする請負契約の締結の禁止、監理技術者等の専任に関する規制の合理化、建設工事の適正な施工を確保するために必要な情報通信技術の活用に関する国土交通大臣による指針の策定、公共工事における施工体制台帳の提出に関する規制の合理化等の措置を講ずる必要がある。これが、この法律案を提出する理由である。

建設業法及び公共工事の入札及び契約の適正化の促進に関する法律の一部を改正する法律案　新旧対照条文　目次

○　建設業法（昭和二十四年法律第百号）（抄）（第一条関係）

（傍線の部分は改正部分）

改正案	現行
（許可の申請）	（許可の申請）
第五条　一般建設業の許可（第八条第二号及び第三号を除き、以下この節において「許可」という。）を受けようとする者は、国土交通省令で定めるところにより、二以上の都道府県の区域内に営業所を設けて営業をしようとする場合にあつては国土交通大臣に、一の都道府県の区域内にのみ営業所を設けて営業をしようとする場合にあつては当該営業所の所在地を管轄する都道府県知事に、次に掲げる事項を記載した許可申請書を提出しなければならない。	第五条　一般建設業の許可（第八条第二号及び第三号を除き、以下この節において「許可」という。）を受けようとする者は、国土交通省令で定めるところにより、二以上の都道府県の区域内に営業所を設けて営業をしようとする場合にあつては国土交通大臣に、一の都道府県の区域内にのみ営業所を設けて営業をしようとする場合にあつては当該営業所の所在地を管轄する都道府県知事に、次に掲げる事項を記載した許可申請書を提出しなければならない。
一～四　（略）	一～四　（略）
五　その営業所ごとに置かれる第七条第二号に規定する営業所技術者の氏名	五　その営業所ごとに置かれる第七条第二号イ、ロ又はハに該当する者の氏名
六・七　（略）	六・七　（略）
（許可の基準）	（許可の基準）
第七条　国土交通大臣又は都道府県知事は、許可を受けようとする者が次に掲げる基準に適合していると認めるときでなければ、許可をしてはならない。	第七条　国土交通大臣又は都道府県知事は、許可を受けようとする者が次に掲げる基準に適合していると認めるときでなければ、許可をしてはならない。
一　（略）	一　（略）
二　その営業所ごとに、営業所技術者（建設工事の請負契約の締結及び履行の業務に関する技術上の管理をつかさどる者であつて、次のいずれかに該当する者をいう。第十一条第四項及び第二十六条の五において同じ。）を専任の者として置く者であること。	二　その営業所ごとに、次のいずれかに該当する者で専任のものを置く者であること。
イ　許可を受けようとする建設業に係る建設工事に関し学校教育法（昭和二十二年法律第二十六号）による高等学校（旧中等学校令（昭和十八年勅令第三十六号）による実業学校を含む。第二十六	イ　許可を受けようとする建設業に係る建設工事に関し学校教育法（昭和二十二年法律第二十六号）による高等学校（旧中等学校令（昭和十八年勅令第三十六号）による実業学校を含む。第二十六

条の八第一項第二号ロにおいて同じ。）若しくは中等教育学校を卒業した後五年以上又は同法による大学（旧大学令（大正七年勅令第三百八十八号）による大学を含む。同号ロにおいて同じ。）若しくは高等専門学校（旧専門学校令（明治三十六年勅令第六十一号）による専門学校を含む。同号ロにおいて同じ。）を卒業した（同法による専門職大学の前期課程を修了した場合を含む。）後三年以上実務の経験を有する者で在学中に国土交通省令で定める学科を修めたもの

ロ・ハ　（略）

三・四　（略）

（変更等の届出）

第十一条　（略）

2・3　（略）

4　許可に係る建設業者は、営業所に置く営業所技術者が当該営業所に置かれなくなつた場合又は第七条第二号ハに該当しなくなつた場合において、これに代わるべき者があるときは、国土交通省令の定めるところにより、二週間以内に、その者について、第六条第一項第五号に掲げる書面を国土交通大臣又は都道府県知事に提出しなければならない。

5　（略）

（許可の基準）

第十五条　国土交通大臣又は都道府県知事は、特定建設業の許可を受けようとする者が次に掲げる基準に適合していると認めるときでなければ、許可をしてはならない。

一　（略）

二　その営業所ごとに、特定営業所技術者（建設工事の請負契約の締結及び履行の業務に関する技術上の管理をつかさどる者であつて、次のいずれかに該当する者をいう。第二十六条の五において同じ。

条の七第一項第二号ロにおいて同じ。）若しくは中等教育学校を卒業した後五年以上又は同法による大学（旧大学令（大正七年勅令第三百八十八号）による大学を含む。同号ロにおいて同じ。）若しくは高等専門学校（旧専門学校令（明治三十六年勅令第六十一号）による専門学校を含む。同号ロにおいて同じ。）を卒業した（同法による専門職大学の前期課程を修了した場合を含む。）後三年以上実務の経験を有する者で在学中に国土交通省令で定める学科を修めたもの

ロ・ハ　（略）

三・四　（略）

（変更等の届出）

第十一条　（略）

2・3　（略）

4　許可に係る建設業者は、営業所に置く第七条第二号イ、ロ又はハに該当する者として証明された者が当該営業所に置かれなくなつた場合又は同号ハに該当しなくなつた場合において、これに代わるべき者があるときは、国土交通省令の定めるところにより、二週間以内に、その者について、第六条第一項第五号に掲げる書面を国土交通大臣又は都道府県知事に提出しなければならない。

5　（略）

（許可の基準）

第十五条　国土交通大臣又は都道府県知事は、特定建設業の許可を受けようとする者が次に掲げる基準に適合していると認めるときでなければ、許可をしてはならない。

一　（略）

二　その営業所ごとに次のいずれかに該当する者で専任のものを置く者であること。ただし、施工技術（設計図書に従つて建設工事を適正に実施するために必要な専門の知識及びその応用能力をいう。以

）を専任の者として置く者であること。ただし、施工技術（設計図書に従つて建設工事を適正に実施するために必要な専門の知識及びその応用能力をいう。以下同じ。）の総合性、施工技術の普及状況その他の事情を考慮して政令で定める建設業（以下「指定建設業」という。）の許可を受けようとする者にあつては、その営業所ごとに置くべき専任の者は、イに該当する者又はハの規定により国土交通大臣がイに掲げる者と同等以上の能力を有するものと認定した者でなければならない。

イ～ハ　（略）

三　（略）

（準用規定）

第十七条　第五条、第六条及び第八条から第十四条までの規定は、特定建設業の許可及び特定建設業の許可を受けた者（以下「特定建設業者」という。）について準用する。この場合において、第五条第五号中「第七条第二号に規定する営業所技術者」とあるのは「第十五条第二号に規定する特定営業所技術者」と、第六条第一項第五号中「次条第一号及び第二号」とあるのは「次条第一号及び第十五条第二号」と、第十一条第四項中「営業所技術者」とあるのは「第十五条第二号に規定する特定営業所技術者」と、「第七条第二号ハ」とあるのは「同号イ、ロ若しくはハ」と、同条第五項中「第七条第一号若しくは第二号」とあるのは「第七条第一号若しくは第十五条第二号」と読み替えるものとする。

（建設工事の請負契約の内容）

第十九条　建設工事の請負契約の当事者は、前条の趣旨に従つて、契約の締結に際して次に掲げる事項を書面に記載し、署名又は記名押印をして相互に交付しなければならない。

一～七　（略）

八　価格等（物価統制令（昭和二十一年勅令第百十八号）第二条に規

下同じ。）の総合性、施工技術の普及状況その他の事情を考慮して政令で定める建設業（以下「指定建設業」という。）の許可を受けようとする者にあつては、その営業所ごとに置くべき専任の者は、イに該当する者又はハの規定により国土交通大臣がイに掲げる者と同等以上の能力を有するものと認定した者でなければならない。

イ～ハ　（略）

三　（略）

（準用規定）

第十七条　第五条、第六条及び第八条から第十四条までの規定は、特定建設業の許可及び特定建設業の許可を受けた者（以下「特定建設業者」という。）について準用する。この場合において、第五条第五号中「第七条第二号イ、ロ又はハ」とあるのは「第十五条第二号イ、ロ又はハ」と、第六条第一項第五号中「次条第一号及び第二号」とあるのは「第七条第一号及び第十五条第二号」と、第十一条第四項中「第七条第二号イ、ロ又はハ」とあるのは「第十五条第二号イ、ロ又はハ」と、「同号ハ」とあるのは「同号イ、ロ若しくはハ」と、同条第五項中「第七条第一号若しくは第二号」とあるのは「第七条第一号若しくは第十五条第二号」と読み替えるものとする。

（建設工事の請負契約の内容）

第十九条　建設工事の請負契約の当事者は、前条の趣旨に従つて、契約の締結に際して次に掲げる事項を書面に記載し、署名又は記名押印をして相互に交付しなければならない。

一～七　（略）

八　価格等（物価統制令（昭和二十一年勅令第百十八号）第二条に規

定する価格等をいう。）の変動又は変更に基づく工事内容の変更又は請負代金の額の変更及びその額の算定方法に関する定め

九～十六　（略）

２・３　（略）

（不当に低い請負代金の禁止）

第十九条の三　（略）

２　建設業者は、自らが保有する低廉な資材を建設工事に用いることができることその他の国土交通省令で定める正当な理由がある場合を除き、その請け負う建設工事を施工するために通常必要と認められる原価に満たない金額を請負代金の額とする請負契約を締結してはならない。

（著しく短い工期の禁止）

第十九条の五　（略）

２　建設業者は、その請け負う建設工事を施工するために通常必要と認められる期間に比して著しく短い期間を工期とする請負契約を締結してはならない。

（発注者に対する勧告等）

第十九条の六　建設業者と請負契約を締結した発注者（私的独占の禁止及び公正取引の確保に関する法律（昭和二十二年法律第五十四号）第二条第一項に規定する事業者に該当するものを除く。）が第十九条の三第一項又は第十九条の四の規定に違反した場合において、特に必要があると認めるときは、当該建設業者の許可をした国土交通大臣又は都道府県知事は、当該発注者に対して必要な勧告をすることができる。

２　建設業者と請負契約（請負代金の額が政令で定める金額以上であるものに限る。）を締結した発注者が前条第一項の規定に違反した場合において、特に必要があると認めるときは、当該建設業者の許可をし

定する価格等をいう。）の変動若しくは変更に基づく請負代金の額又は工事内容の変更

九～十六　（略）

２・３　（略）

（不当に低い請負代金の禁止）

第十九条の三　（略）

（新設）

（著しく短い工期の禁止）

第十九条の五　（略）

（新設）

（発注者に対する勧告等）

第十九条の六　建設業者と請負契約を締結した発注者（私的独占の禁止及び公正取引の確保に関する法律（昭和二十二年法律第五十四号）第二条第一項に規定する事業者に該当するものを除く。）が第十九条の三又は第十九条の四の規定に違反した場合において、特に必要があると認めるときは、当該建設業者の許可をした国土交通大臣又は都道府県知事は、当該発注者に対して必要な勧告をすることができる。

２　建設業者と請負契約（請負代金の額が政令で定める金額以上であるものに限る。）を締結した発注者が前条の規定に違反した場合において、特に必要があると認めるときは、当該建設業者の許可をした国土

た国土交通大臣又は都道府県知事は、当該発注者に対して必要な勧告をすることができる。

３・４　（略）

（建設工事の見積り等）

第二十条　建設業者は、建設工事の請負契約を締結するに際しては、工事内容に応じ、工事の種別ごとの材料費、労務費及び当該建設工事に従事する労働者による適正な施工を確保するために不可欠な経費として国土交通省令で定めるもの（以下この条において「材料費等」という。）その他当該建設工事の施工のために必要な経費の内訳並びに工事の工程ごとの作業及びその準備に必要な日数を記載した建設工事の見積書（以下この条において「材料費等記載見積書」という。）を作成するよう努めなければならない。

２　前項の場合において、材料費等記載見積書に記載する材料費等の額は、当該建設工事を施工するために通常必要と認められる材料費等の額を著しく下回るものであつてはならない。

３　建設工事の注文者は、請負契約の方法が随意契約による場合にあつては契約を締結するまでに、入札の方法により競争に付する場合にあつては入札を行うまでに、第十九条第一項各号（第二号を除く。）に掲げる事項について、できる限り具体的な内容を提示し、かつ、当該提示から当該契約の締結又は入札までの間に、建設業者が当該建設工事の見積りをするために必要な期間として政令で定める期間を設けなければならない。

４　建設工事の注文者は、建設工事の請負契約を締結するに際しては、当該建設工事に係る材料費等記載見積書の内容を考慮するよう努めるものとし、建設業者は、建設工事の注文者から請求があつたときは、請負契約が成立するまでに、当該材料費等記載見積書を交付しなければならない。

５　建設業者は、前項の規定による材料費等記載見積書の交付に代えて、政令で定めるところにより、建設工事の注文者の承諾を得て、当該

交通大臣又は都道府県知事は、当該発注者に対して必要な勧告をすることができる。

３・４　（略）

（建設工事の見積り等）

第二十条　建設業者は、建設工事の請負契約を締結するに際して、工事内容に応じ、工事の種別ごとの材料費、労務費その他の経費の内訳並びに工事の工程ごとの作業及びその準備に必要な日数を明らかにして、建設工事の見積りを行うよう努めなければならない。

（新設）

（新設）

２　建設業者は、建設工事の注文者から請求があつたときは、請負契約が成立するまでの間に、建設工事の見積書を交付しなければならない。

３　建設業者は、前項の規定による見積書の交付に代えて、政令で定めるところにより、建設工事の注文者の承諾を得て、当該見積書に記載

材料費等記載見積書に記載すべき事項を電子情報処理組織を使用する方法その他の情報通信の技術を利用する方法であつて国土交通省令で定めるものにより提供することができる。この場合において、当該建設業者は、当該材料費等記載見積書を交付したものとみなす。

（削る）

6　建設工事の注文者は、第四項の規定により材料費等記載見積書を交付した建設業者（建設工事の注文者が同項の請求をしないで第一項の規定により作成された材料費等記載見積書の交付を受けた場合における当該交付をした建設業者を含む。次項において同じ。）に対し、その材料費等の額について当該建設工事を施工するために通常必要と認められる材料費等の額を著しく下回ることとなるような変更を求めてはならない。

7　前項の規定に違反した発注者が、同項の求めに応じて変更された見積書の内容に基づき建設業者と請負契約（当該請負契約に係る建設工事を施工するために通常必要と認められる費用の額が政令で定める金額以上であるものに限る。）を締結した場合において、当該建設工事の適正な施工の確保を図るため特に必要があると認めるときは、当該建設業者の許可をした国土交通大臣又は都道府県知事は、当該発注者に対して必要な勧告をすることができる。

8　前条第三項及び第四項の規定は、前項の勧告について準用する。

（工期等に影響を及ぼす事象に関する情報の通知等）

第二十条の二　建設工事の注文者は、当該建設工事について、地盤の沈下その他の工期又は請負代金の額に影響を及ぼすものとして国土交通

すべき事項を電子情報処理組織を使用する方法その他の情報通信の技術を利用する方法であつて国土交通省令で定めるものにより提供することができる。この場合において、当該建設業者は、当該見積書を交付したものとみなす。

4　建設工事の注文者は、請負契約の方法が随意契約による場合にあつては契約を締結するまでに、入札の方法により競争に付する場合にあつては入札を行うまでに、第十九条第一項第一号及び第三号から第十六号までに掲げる事項について、できる限り具体的な内容を提示し、かつ、当該提示から当該契約の締結又は入札までに、建設業者が当該建設工事の見積りをするために必要な政令で定める一定の期間を設けなければならない。

（新設）

（新設）

（新設）

（工期等に影響を及ぼす事象に関する情報の提供）

第二十条の二　建設工事の注文者は、当該建設工事について、地盤の沈下その他の工期又は請負代金の額に影響を及ぼすものとして国土交通

省令で定める事象が発生するおそれがあると認めるときは、請負契約を締結するまでに、国土交通省令で定めるところにより、建設業者に対して、その旨を当該事象の状況の把握のため必要な情報と併せて通知しなければならない。

2　建設業者は、その請け負う建設工事について、主要な資材の供給の著しい減少、資材の価格の高騰その他の工期又は請負代金の額に影響を及ぼすものとして国土交通省令で定める事象が発生するおそれがあると認めるときは、請負契約を締結するまでに、国土交通省令で定めるところにより、注文者に対して、その旨を当該事象の状況の把握のため必要な情報と併せて通知しなければならない。

3　前項の規定による通知をした建設業者は、同項の請負契約の締結後、当該通知に係る同項に規定する事象が発生した場合には、注文者に対して、第十九条第一項第七号又は第八号の定めに従つた工期の変更、工事内容の変更又は請負代金の額の変更についての協議を申し出ることができる。

4　前項の協議の申出を受けた注文者は、当該申出が根拠を欠く場合その他正当な理由がある場合を除き、誠実に当該協議に応ずるよう努めなければならない。

（不利益取扱いの禁止）

第二十四条の五　元請負人は、当該元請負人について第十九条の三第一項、第十九条の四、第二十四条の三第一項、前条又は次条第三項若しくは第四項の規定に違反する行為があるとして下請負人が国土交通大臣等（当該元請負人が許可を受けた国土交通大臣又は都道府県知事をいう。）、公正取引委員会又は中小企業庁長官にその事実を通報したことを理由として、当該下請負人に対して、取引の停止その他の不利益な取扱いをしてはならない。

（施工技術の確保に関する建設業者等の責務）

第二十五条の二十七　（略）

省令で定める事象が発生するおそれがあると認めるときは、請負契約を締結するまでに、建設業者に対して、その旨及び当該事象の状況の把握のため必要な情報を提供しなければならない。

（新設）

（新設）

（新設）

（不利益取扱いの禁止）

第二十四条の五　元請負人は、当該元請負人について第十九条の三、第十九条の四、第二十四条の三第一項、前条又は次条第三項若しくは第四項の規定に違反する行為があるとして下請負人が国土交通大臣等（当該元請負人が許可を受けた国土交通大臣又は都道府県知事をいう。）、公正取引委員会又は中小企業庁長官にその事実を通報したことを理由として、当該下請負人に対して、取引の停止その他の不利益な取扱いをしてはならない。

（施工技術の確保に関する建設業者等の責務）

第二十五条の二十七　（略）

2　建設業者は、その労働者が有する知識、技能その他の能力についての公正な評価に基づく適正な賃金の支払その他の労働者の適切な処遇を確保するための措置を効果的に実施するよう努めなければならない。

3　（略）

4　国土交通大臣は、前三項の規定による取組に資するため、必要に応じ、講習及び調査の実施、資料の提供その他の措置を講ずるものとする。

（建設工事の適正な施工の確保のために必要な措置）

第二十五条の二十八　特定建設業者は、工事の施工の管理に関する情報システムの整備その他の建設工事の適正な施工を確保するために必要な情報通信技術の活用に関し必要な措置を講ずるよう努めなければならない。

2　発注者から直接建設工事を請け負つた特定建設業者は、当該建設工事の下請負人が、その下請負に係る建設工事の施工に関し、当該特定建設業者が講ずる前項に規定する措置の実施のために必要な措置を講ずることができることとなるよう、当該下請負人の指導に努めるものとする。

3　国土交通大臣は、前二項に規定する措置に関して、その適切かつ有効な実施を図るための指針となるべき事項を定め、これを公表するものとする。

（主任技術者及び監理技術者の設置等）

第二十六条　（略）

2　（略）

3　公共性のある施設若しくは工作物又は多数の者が利用する施設若しくは工作物に関する重要な建設工事で政令で定めるものについては、前二項の規定により置かなければならない主任技術者又は監理技術者は、工事現場ごとに、専任の者でなければならない。ただし、次に掲

（新設）

2　（略）

3　国土交通大臣は、前二項の施工技術の確保並びに知識及び技術又は技能の向上に資するため、必要に応じ、講習及び調査の実施、資料の提供その他の措置を講ずるものとする。

（新設）

（主任技術者及び監理技術者の設置等）

第二十六条　（略）

2　（略）

3　公共性のある施設若しくは工作物又は多数の者が利用する施設若しくは工作物に関する重要な建設工事で政令で定めるものについては、前二項の規定により置かなければならない主任技術者又は監理技術者は、工事現場ごとに、専任の者でなければならない。ただし、監理技

げる主任技術者又は監理技術者については、この限りでない。

一　当該建設工事が次のイからハまでに掲げる要件のいずれにも該当する場合における主任技術者又は監理技術者

イ　当該建設工事の請負代金の額が政令で定める金額未満となるものであること。

ロ　当該建設工事の工事現場間の移動時間又は連絡方法その他の当該工事現場の施工体制の確保のために必要な事項に関し国土交通省令で定める要件に適合するものであること。

ハ　主任技術者又は監理技術者が当該建設工事の工事現場の状況の確認その他の当該工事現場に係る第二十六条の四第一項に規定する職務を情報通信技術を利用する方法により行うため必要な措置として国土交通省令で定めるものが講じられるものであること。

二　当該建設工事の工事現場に、当該監理技術者の行うべき第二十六条の四第一項に規定する職務を補佐する者として、当該建設工事に関し第十五条第二号イ、ロ又はハに該当する者に準ずる者として政令で定める者を専任で置く場合における監理技術者

4　前項ただし書の規定は、同項各号の建設工事の工事現場の数が、同一の主任技術者又は監理技術者が各工事現場に係る第二十六条の四第一項に規定する職務を行ったとしてもその適切な遂行に支障を生ずるおそれがないものとして政令で定める数を超えるときは、適用しない。

5　第三項の規定により専任の者でなければならない監理技術者（同項各号に規定する監理技術者を含む。次項において同じ。）は、第二十七条の十八第一項の規定による監理技術者資格者証の交付を受けている者であって、第二十六条の六から第二十六条の八までの規定により国土交通大臣の登録を受けた講習を受講したもののうちから、これを選任しなければならない。

6　（略）

術者にあっては、発注者から直接当該建設工事を請け負った特定建設業者が、当該監理技術者の行うべき第二十六条の四第一項に規定する職務を補佐する者として、当該建設工事に関し第十五条第二号イ、ロ又はハに該当する者に準ずる者として政令で定める者を当該工事現場に専任で置くときは、この限りでない。

4　前項ただし書の規定は、同一の特例監理技術者（同項ただし書の規定の適用を受ける監理技術者をいう。次項において同じ。）がその行うべき各工事現場に係る第二十六条の四第一項に規定する職務を行ったとしてもその適切な実施に支障を生ずるおそれがないものとして政令で定める数を超えるときは、適用しない。

5　第三項の規定により専任の者でなければならない監理技術者（特例監理技術者を含む。）は、第二十七条の十八第一項の規定による監理技術者資格者証の交付を受けている者であって、第二十六条の五から第二十六条の七までの規定により国土交通大臣の登録を受けた講習を受講したもののうちから、これを選任しなければならない。

6　（略）

（営業所技術者等に関する主任技術者又は監理技術者の職務の特例）

第二十六条の五　建設業者は、第二十六条第三項本文に規定する建設工事が次の各号に掲げる要件のいずれにも該当する場合には、第七条（第二号に係る部分に限る。）又は第十五条（第二号に係る部分に限る。）及び同項本文の規定にかかわらず、その営業所の営業所技術者又は特定営業所技術者について、営業所技術者にあつては第二十六条第一項の規定により当該工事現場に置かなければならない主任技術者の職務を、特定営業所技術者にあつては当該主任技術者又は同条第二項の規定により当該工事現場に置かなければならない監理技術者の職務を兼ねて行わせることができる。

一　当該営業所において締結した請負契約に係る建設工事であること。

二　当該建設工事の請負代金の額が政令で定める金額未満となるものであること。

三　当該営業所と当該建設工事の工事現場との間の移動時間又は連絡方法その他の当該営業所の業務体制及び当該工事現場の施工体制の確保のために必要な事項に関し国土交通省令で定める要件に適合するものであること。

四　営業所技術者又は特定営業所技術者が当該営業所及び当該建設工事の工事現場の状況の確認その他の当該営業所における建設工事の請負契約の締結及び履行の業務に関する技術上の管理に係る職務並びに当該工事現場に係る前条第一項に規定する職務（次項において「営業所職務等」という。）を情報通信技術を利用する方法により行うため必要な措置として国土交通省令で定めるものが講じられるものであること。

2　前項の規定は、同項の工事現場の数が、営業所技術者又は特定営業所技術者が当該工事現場に係る主任技術者又は監理技術者の職務を兼ねて行つたとしても営業所職務等の適切な遂行に支障を生ずるおそれがないものとして政令で定める数を超えるときは、適用しない。

3　第一項の規定により監理技術者の職務を兼ねて行う特定営業所技術

（新設）

者は、第二十七条の十八第一項の規定による監理技術者資格者証の交付を受けている者であつて、第二十六条第五項の講習を受講したものでなければならない。

4　前項の特定営業所技術者は、発注者から請求があつたときは、監理技術者資格者証を提示しなければならない。

第二十六条の六　（略）

（欠格条項）

第二十六条の七　次の各号のいずれかに該当する者が行う講習は、第二十六条第五項の登録を受けることができない。

一　（略）

二　第二十六条の十七の規定により第二十六条第五項の講習の登録を取り消され、その取消しの日から二年を経過しない者

三　（略）

（登録の要件等）

第二十六条の八　国土交通大臣は、第二十六条の六の規定により申請のあつた講習が次に掲げる要件の全てに適合しているときは、その登録をしなければならない。この場合において、登録に関して必要な手続は、国土交通省令で定める。

一・二　（略）

三　建設業者に支配されているものとして次のいずれかに該当するものでないこと。

イ　第二十六条の六の規定により登録を申請した者（以下この号において「登録申請者」という。）が株式会社である場合にあつては、建設業者がその親法人（会社法（平成十七年法律第八十六号）第八百七十九条第一項に規定する親法人をいう。第二十七条の三十一第二項第一号において同じ。）であること。

ロ・ハ　（略）

第二十六条の五　（略）

（欠格条項）

第二十六条の六　次の各号のいずれかに該当する者が行う講習は、第二十六条第五項の登録を受けることができない。

一　（略）

二　第二十六条の十六の規定により第二十六条第五項の講習の登録を取り消され、その取消しの日から二年を経過しない者

三　（略）

（登録の要件等）

第二十六条の七　国土交通大臣は、第二十六条の五の規定により申請のあつた講習が次に掲げる要件の全てに適合しているときは、その登録をしなければならない。この場合において、登録に関して必要な手続は、国土交通省令で定める。

一・二　（略）

三　建設業者に支配されているものとして次のいずれかに該当するものでないこと。

イ　第二十六条の五の規定により登録を申請した者（以下この号において「登録申請者」という。）が株式会社である場合にあつては、建設業者がその親法人（会社法（平成十七年法律第八十六号）第八百七十九条第一項に規定する親法人をいう。第二十七条の三十一第二項第一号において同じ。）であること。

ロ・ハ　（略）

2　登録は、講習登録簿に次に掲げる事項を記載してするものとする。
一　（略）
二　第二十六条第五項の登録を受けた講習（以下「講習」という。）を行う者（以下「登録講習実施機関」という。）の氏名又は名称及び住所並びに法人にあつては、その代表者の氏名
三　（略）

第二十六条の九　（略）

（講習の実施に係る義務）
第二十六条の十　登録講習実施機関は、公正に、かつ、第二十六条の八第一項第一号及び第二号に掲げる要件並びに国土交通省令で定める基準に適合する方法により講習を行わなければならない。

（登録事項の変更の届出）
第二十六条の十一　登録講習実施機関は、第二十六条の八第二項第二号又は第三号に掲げる事項を変更しようとするときは、変更しようとする日の二週間前までに、その旨を国土交通大臣に届け出なければならない。

第二十六条の十二　（略）

（業務の休廃止）
第二十六条の十三　登録講習実施機関は、講習の全部又は一部を休止し、又は廃止するときは、国土交通省令で定めるところにより、あらかじめ、その旨を国土交通大臣に届け出なければならない。

（財務諸表等の備付け及び閲覧等）
第二十六条の十四　（略）
2　建設業者その他の利害関係人は、登録講習実施機関の業務時間内は

2　登録は、講習登録簿に次に掲げる事項を記載してするものとする。
一　（略）
二　第二十六条第五項の登録を受けた講習（以下単に「講習」という。）を行う者（以下「登録講習実施機関」という。）の氏名又は名称及び住所並びに法人にあつては、その代表者の氏名
三　（略）

第二十六条の八　（略）

（講習の実施に係る義務）
第二十六条の九　登録講習実施機関は、公正に、かつ、第二十六条の七第一項第一号及び第二号に掲げる要件並びに国土交通省令で定める基準に適合する方法により講習を行わなければならない。

（登録事項の変更の届出）
第二十六条の十　登録講習実施機関は、第二十六条の七第二項第二号又は第三号に掲げる事項を変更しようとするときは、変更しようとする日の二週間前までに、その旨を国土交通大臣に届け出なければならない。

第二十六条の十一　（略）

（業務の休廃止）
第二十六条の十二　登録講習実施機関は、講習の全部又は一部を休止し、又は廃止しようとするときは、国土交通省令で定めるところにより、あらかじめ、その旨を国土交通大臣に届け出なければならない。

（財務諸表等の備付け及び閲覧等）
第二十六条の十三　（略）
2　建設業者その他の利害関係人は、登録講習実施機関の業務時間内は

、いつでも、次に掲げる請求をすることができる。ただし、第二号又は第四号の請求をするには、登録講習実施機関の定めた費用を支払わなければならない。

一～三　（略）

四　前号の電磁的記録に記録された事項を電子情報処理組織を使用する方法その他の情報通信の技術を利用する方法であつて国土交通省令で定めるものにより提供することの請求又は当該事項を記載した書面の交付の請求

（適合命令）

第二十六条の十五　国土交通大臣は、講習が第二十六条の八第一項の規定に適合しなくなつたと認めるときは、その登録講習実施機関に対し、同項の規定に適合するため必要な措置をとるべきことを命ずることができる。

（改善命令）

第二十六条の十六　国土交通大臣は、登録講習実施機関が第二十六条の十の規定に違反していると認めるときは、その登録講習実施機関に対し、同条の規定による講習を行うべきこと又は講習の方法その他の業務の方法の改善に関し必要な措置をとるべきことを命ずることができる。

（登録の取消し等）

第二十六条の十七　国土交通大臣は、登録講習実施機関が次の各号のいずれかに該当するときは、当該登録講習実施機関の行う講習の登録を取り消し、又は期間を定めて講習の全部若しくは一部の停止を命ずることができる。

一　第二十六条の七第一号又は第三号に該当するに至つたとき。

二　第二十六条の十一から第二十六条の十三まで、第二十六条の十四第一項又は次条の規定に違反したとき。

、いつでも、次に掲げる請求をすることができる。ただし、第二号又は第四号の請求をするには、登録講習実施機関の定めた費用を支払わなければならない。

一～三　（略）

四　前号の電磁的記録に記録された事項を電磁的方法であつて国土交通省令で定めるものにより提供することの請求又は当該事項を記載した書面の交付の請求

（適合命令）

第二十六条の十四　国土交通大臣は、講習が第二十六条の七第一項の規定に適合しなくなつたと認めるときは、その登録講習実施機関に対し、同項の規定に適合するため必要な措置をとるべきことを命ずることができる。

（改善命令）

第二十六条の十五　国土交通大臣は、登録講習実施機関が第二十六条の九の規定に違反していると認めるときは、その登録講習実施機関に対し、同条の規定による講習を行うべきこと又は講習の方法その他の業務の方法の改善に関し必要な措置をとるべきことを命ずることができる。

（登録の取消し等）

第二十六条の十六　国土交通大臣は、登録講習実施機関が次の各号のいずれかに該当するときは、当該登録講習実施機関の行う講習の登録を取り消し、又は期間を定めて講習の全部若しくは一部の停止を命ずることができる。

一　第二十六条の六第一号又は第三号に該当するに至つたとき。

二　第二十六条の十から第二十六条の十二まで、第二十六条の十三第一項又は次条の規定に違反したとき。

三　正当な理由がないのに第二十六条の十四第二項各号の請求を拒んだとき。

四・五　（略）

第二十六条の十八　（略）

（国土交通大臣による講習の実施）

第二十六条の十九　国土交通大臣は、講習を行う者がいないとき、第二十六条の十三の規定による講習の全部又は一部の休止又は廃止の届出があつたとき、第二十六条の十七の規定により第二十六条第五項の登録を取り消し、又は登録講習実施機関に対し講習の全部若しくは一部の停止を命じたとき、登録講習実施機関が天災その他の事由により講習の全部又は一部を実施することが困難となつたとき、その他必要があると認めるときは、講習の全部又は一部を自ら行うことができる。

2　（略）

第二十六条の二十　（略）

（報告の徴収）

第二十六条の二十一　国土交通大臣は、講習の業務の適正な実施を確保するために必要な限度において、登録講習実施機関に対し、その業務又は経理の状況に関し報告をさせることができる。

（立入検査）

第二十六条の二十二　国土交通大臣は、講習の業務の適正な実施を確保するために必要な限度において、その職員に、登録講習実施機関の事務所に立ち入り、その業務の状況又は帳簿、書類その他の物件を検査させることができる。

2・3　（略）

三　正当な理由がないのに第二十六条の十三第二項各号の規定による請求を拒んだとき。

四・五　（略）

第二十六条の十七　（略）

（国土交通大臣による講習の実施）

第二十六条の十八　国土交通大臣は、講習を行う者がいないとき、第二十六条の十二の規定による講習の全部又は一部の休止又は廃止の届出があつたとき、第二十六条の十六の規定により第二十六条第五項の登録を取り消し、又は登録講習実施機関に対し講習の全部若しくは一部の停止を命じたとき、登録講習実施機関が天災その他の事由により講習の全部又は一部を実施することが困難となつたとき、その他必要があると認めるときは、講習の全部又は一部を自ら行うことができる。

2　（略）

第二十六条の十九　（略）

（報告の徴収）

第二十六条の二十　国土交通大臣は、この法律の施行に必要な限度において、登録講習実施機関に対し、その業務又は経理の状況に関し報告をさせることができる。

（立入検査）

第二十六条の二十一　国土交通大臣は、この法律の施行に必要な限度において、その職員に、登録講習実施機関の事務所に立ち入り、業務の状況又は帳簿、書類その他の物件を検査させることができる。

2・3　（略）

（公示）

第二十六条の二十三　国土交通大臣は、次に掲げる場合には、その旨を官報に公示しなければならない。

一　（略）

二　第二十六条の十一の規定による届出があつたとき。

三　第二十六条の十三の規定による届出があつたとき。

四　第二十六条の十七の規定により第二十六条第五項の登録を取り消し、又は講習の停止を命じたとき。

五　第二十六条の十九の規定により講習の全部若しくは一部を自ら行うこととするとき、又は自ら行つていた講習の全部若しくは一部を行わないこととするとき。

（報告徴収及び立入検査）

第二十七条の十二　国土交通大臣は、試験事務の適正な実施を確保するために必要な限度において、指定試験機関に対して試験事務の状況に関し必要な報告を求め、又はその職員に、指定試験機関の事務所に立ち入り、試験事務の状況若しくは設備、帳簿、書類その他の物件を検査させることができる。

2　第二十六条の二十二第二項及び第三項の規定は、前項の規定による立入検査について準用する。

（経営状況分析）

第二十七条の二十四　前条第二項第一号に掲げる事項の分析（以下「経営状況分析」という。）については、第二十七条の三十一の規定及び第二十七条の三十二において準用する第二十六条の七の規定により国土交通大臣の登録を受けた者（以下「登録経営状況分析機関」という。）が行うものとする。

2～4　（略）

（準用規定）

（公示）

第二十六条の二十二　国土交通大臣は、次に掲げる場合には、その旨を官報に公示しなければならない。

一　（略）

二　第二十六条の十の規定による届出があつたとき。

三　第二十六条の十二の規定による届出があつたとき。

四　第二十六条の十六の規定により第二十六条第五項の登録を取り消し、又は講習の停止を命じたとき。

五　第二十六条の十八の規定により講習の全部若しくは一部を自ら行うこととするとき、又は自ら行つていた講習の全部若しくは一部を行わないこととするとき。

（報告及び検査）

第二十七条の十二　国土交通大臣は、試験事務の適正な実施を確保するため必要があると認めるときは、指定試験機関に対して、試験事務の状況に関し必要な報告を求め、又はその職員に、指定試験機関の事務所に立ち入り、試験事務の状況若しくは設備、帳簿、書類その他の物件を検査させることができる。

2　第二十六条の二十一第二項及び第三項の規定は、前項の規定による立入検査について準用する。

（経営状況分析）

第二十七条の二十四　前条第二項第一号に掲げる事項の分析（以下「経営状況分析」という。）については、第二十七条の三十一及び第二十七条の三十二において準用する第二十六条の六の規定により国土交通大臣の登録を受けた者（以下「登録経営状況分析機関」という。）が行うものとする。

2～4　（略）

（準用規定）

第二十七条の三十二　第二十六条の七、第二十六条の九から第二十六条の十八まで及び第二十六条の二十一から第二十六条の二十三までの規定は、登録経営状況分析機関について準用する。この場合において、次の表の上欄に掲げる規定中同表の中欄に掲げる字句は、それぞれ同表の下欄に掲げる字句に読み替えるものとする。

第二十六条の七	該当する者が行う講習は、第二十六条第五項	該当する者は、第二十七条の二十四第一項
第二十六条の七第二号	第二十六条第五項の講習	第二十七条の二十四第一項
第二十六条の七第三号	第二十六条第五項の講習	経営状況分析の業務
第二十六条の九第一項、第二十六条の十七第五号並びに第二十六条の二十三第一号及び第四号	第二十六条第五項	第二十七条の二十四第一項
第二十六条の九第二項	前三条	第二十七条の三十一及び第二十七条の三十二において準用する第二十六条の七
第二十六条の十の見出し	講習の実施に係る	経営状況分析の

第二十七条の三十二　第二十六条の六、第二十六条の八から第二十六条の十七まで及び第二十六条の二十から第二十六条の二十二までの規定は、登録経営状況分析機関について準用する。この場合において、次の表の上欄に掲げる規定中同表の中欄に掲げる字句は、それぞれ同表の下欄に掲げる字句に読み替えるものとする。

第二十六条の六	該当する者が行う講習は、第二十六条第五項	該当する者は、第二十七条の二十四第一項
第二十六条の六第二号	第二十六条第五項の講習	第二十七条の二十四第一項
第二十六条の六第三号	第二十六条第五項の講習	経営状況分析の業務
第二十六条の八第一項、第二十六条の十六第五号並びに第二十六条の二十二第一号及び第四号	第二十六条第五項	第二十七条の二十四第一項
第二十六条の八第二項	前三条	第二十七条の三十一及び第二十七条の三十二において準用する第二十六条の六
第二十六条の九の見出し	講習の実施に係る	経営状況分析の

第二十六条の十	第二十六条の八第一項第一号及び第二号に掲げる要件並びに国土交通省令	国土交通省令
	講習を	経営状況分析を
第二十六条の十一	第二十六条の八第二項第二号又は第三号	第二十七条の三十一第三項第二号又は第三号
第二十六条の十二（見出しを含む。）	講習規程	経営状況分析規程
第二十六条の十二第一項	講習に	経営状況分析の業務に
第二十六条の十二第一項、第二十六条の十三並びに第二十六条の二十三第四号及び第五号	講習の	経営状況分析の業務の
第二十六条の十二第二項、第二十六条の十六、第二十六条の二十一及び第二十六条の二十二第一項	講習の	経営状況分析の
第二十六条の十二第	講習に	経営状況分析に

第二十六条の九	第二十六条の七第一項第一号及び第二号に掲げる要件並びに国土交通省令	国土交通省令
	講習を	経営状況分析を
第二十六条の十	第二十六条の七第二項第二号又は第三号	第二十七条の三十一第三項第二号又は第三号
第二十六条の十一（見出しを含む。）	講習規程	経営状況分析規程
第二十六条の十一第一項	講習に	経営状況分析の業務に
第二十六条の十一第一項、第二十六条の十二並びに第二十六条の二十二第四号及び第五号	講習の	経営状況分析の業務の
第二十六条の十一第二項及び第二十六条の十五	講習の	経営状況分析の
第二十六条の十一第	講習に	経営状況分析に

二項及び第二十六条の十八		
第二十六条の十四第二項	建設業者	第二十七条の三十一第二項に規定する建設業者
第二十六条の十五	講習が第二十六条の八第一項	登録経営状況分析機関が第二十七条の三十一第二項
第二十六条の十六	第二十六条の十	第二十七条の三十二において準用する第二十六条の十又は第二十七条の三十三
	同条の規定による講習	これらの規定による経営状況分析の業務
第二十六条の十七	当該登録講習実施機関の行う講習の登録	その登録
	講習の全部	経営状況分析の業務の全部
第二十六条の二十三第五号	第二十六条の十九	第二十七条の三十五

（国土交通大臣又は都道府県知事による経営状況分析の実施）

二項及び第二十六条の十七		
第二十六条の十三第二項	建設業者	第二十七条の三十一第二項に規定する建設業者
第二十六条の十四	講習が第二十六条の七第一項	登録経営状況分析機関が第二十七条の三十一第二項
第二十六条の十五	第二十六条の九	第二十七条の三十二において準用する第二十六条の九又は第二十七条の三十三
	同条の規定による講習	これらの規定による経営状況分析の業務
第二十六条の十六	当該登録講習実施機関の行う講習の登録	その登録
	講習の全部	経営状況分析の業務の全部
第二十六条の二十二第五号	第二十六条の十八	第二十七条の三十五

（国土交通大臣又は都道府県知事による経営状況分析の実施）

第二十七条の三十五　国土交通大臣又は都道府県知事は、第二十七条の二十四第一項の登録を受けた者がいないとき、第二十七条の三十二において準用する第二十六条の十三の規定による経営状況分析の業務の全部又は一部の休止又は廃止の届出があつたとき、第二十七条の三十二において準用する第二十六条の十七の規定により第二十七条の二十四第一項の登録を取り消し、又は登録経営状況分析機関に対し経営状況分析の業務の全部若しくは一部の停止を命じたとき、登録経営状況分析機関が天災その他の事由により経営状況分析の業務の全部又は一部を実施することが困難となつたとき、その他国土交通大臣が必要があると認めるときは、経営状況分析の業務の全部又は一部を自ら行うことができる。

2～5　（略）

（指示及び営業の停止）

第二十八条　国土交通大臣又は都道府県知事は、その許可を受けた建設業者が次の各号のいずれかに該当する場合又はこの法律の規定（第十九条の三第一項、第十九条の四、第二十四条の三第一項、第二十四条の四、第二十四条の五並びに第二十四条の六第三項及び第四項を除き、公共工事の入札及び契約の適正化の促進に関する法律（平成十二年法律第百二十七号。以下「入札契約適正化法」という。）第十五条第一項の規定により読み替えて適用される第二十四条の八第一項、第二項及び第四項を含む。第四項において同じ。）、入札契約適正化法第十五条第二項若しくは第三項の規定若しくは特定住宅瑕疵担保責任の履行の確保等に関する法律（平成十九年法律第六十六号。以下この条において「履行確保法」という。）第三条第六項、第四条第一項、第七条第二項、第八条第一項若しくは第二項若しくは第十条第一項の規定に違反した場合においては、当該建設業者に対して、必要な指示をすることができる。特定建設業者が第四十一条第二項又は第三項の規定による勧告に従わない場合において必要があると認めるときも、同様とする。

第二十七条の三十五　国土交通大臣又は都道府県知事は、第二十七条の二十四第一項の登録を受けた者がいないとき、第二十七条の三十二において準用する第二十六条の十二の規定による経営状況分析の業務の全部又は一部の休止又は廃止の届出があつたとき、第二十七条の三十二において準用する第二十六条の十六の規定により第二十七条の二十四第一項の登録を取り消し、又は登録経営状況分析機関に対し経営状況分析の業務の全部若しくは一部の停止を命じたとき、登録経営状況分析機関が天災その他の事由により経営状況分析の業務の全部又は一部を実施することが困難となつたとき、その他国土交通大臣が必要があると認めるときは、経営状況分析の業務の全部又は一部を自ら行うことができる。

2～5　（略）

（指示及び営業の停止）

第二十八条　国土交通大臣又は都道府県知事は、その許可を受けた建設業者が次の各号のいずれかに該当する場合又はこの法律の規定（第十九条の三、第十九条の四、第二十四条の三第一項、第二十四条の四、第二十四条の五並びに第二十四条の六第三項及び第四項を除き、公共工事の入札及び契約の適正化の促進に関する法律（平成十二年法律第百二十七号。以下「入札契約適正化法」という。）第十五条第一項の規定により読み替えて適用される第二十四条の八第一項、第二項及び第四項を含む。第四項において同じ。）、入札契約適正化法第十五条第二項若しくは第三項の規定若しくは特定住宅瑕疵担保責任の履行の確保等に関する法律（平成十九年法律第六十六号。以下この条において「履行確保法」という。）第三条第六項、第四条第一項、第七条第二項、第八条第一項若しくは第二項若しくは第十条第一項の規定に違反した場合においては、当該建設業者に対して、必要な指示をすることができる。特定建設業者が第四十一条第二項又は第三項の規定による勧告に従わない場合において必要があると認めるときも、同様とする。

一～九　（略）	一～九　（略）
2～7　（略）	2～7　（略）
（報告徴収及び立入検査）	（報告及び検査）
第三十一条　国土交通大臣は、建設業を営む全ての者に対して、都道府県知事は、当該都道府県の区域内で建設業を営む者に対して、この法律の施行に必要な限度において、その業務、財産若しくは工事施工の状況に関し必要な報告を求め、又は当該職員に、営業所その他営業に関係のある場所に立ち入り、帳簿書類その他の物件を検査させることができる。	第三十一条　国土交通大臣は、建設業を営むすべての者に対して、都道府県知事は、当該都道府県の区域内で建設業を営む者に対して、特に必要があると認めるときは、その業務、財産若しくは工事施工の状況につき、必要な報告を徴し、又は当該職員をして営業所その他営業に関係のある場所に立ち入り、帳簿書類その他の物件を検査させることができる。
2　第二十六条の二十二第二項及び第三項の規定は、前項の規定による立入検査について準用する。	2　第二十六条の二十一第二項及び第三項の規定は、前項の規定による立入検査について準用する。
（中央建設業審議会の設置等）	（中央建設業審議会の設置等）
第三十四条　国土交通省に、中央建設業審議会を置く。	第三十四条　この法律、公共工事の前払金保証事業に関する法律及び入札契約適正化法によりその権限に属させられた事項を処理するため、国土交通省に、中央建設業審議会を設置する。
2　中央建設業審議会は、第二十七条の二十三第三項の規定によりその権限に属させられた事項を処理するほか、建設工事の標準請負契約約款、建設工事の工期及び労務費に関する基準、入札の参加者の資格に関する基準並びに予定価格を構成する材料費及び役務費以外の諸経費に関する基準を作成し、並びにその実施を勧告することができる。	2　中央建設業審議会は、建設工事の標準請負契約約款、入札の参加者の資格に関する基準、予定価格を構成する材料費及び役務費以外の諸経費に関する基準並びに建設工事の工期に関する基準を作成し、並びにその実施を勧告することができる。
3　前項に規定するもののほか、中央建設業審議会は、公共工事の前払金保証事業に関する法律及び入札契約適正化法の規定によりその権限に属させられた事項を処理する。	（新設）
（国土交通大臣による調査等） 第四十条の四　国土交通大臣は、請負契約の適正化及び建設工事に従事する者の適正な処遇の確保を図るため、建設業者に対して、建設工事の請負契約の締結の状況、第二十条の二第二項から第四項までの規定	（新設）

による通知又は協議の状況、第二十五条の二十七第二項に規定する措置の実施の状況その他の国土交通省令で定める事項につき、必要な調査を行い、その結果を公表するものとする。

2　国土交通大臣は、中央建設業審議会に対し、第三十四条第二項に規定する基準の作成に資するよう、前項の調査の結果を報告するものとする。この場合において、国土交通大臣は、中央建設業審議会の求めがあつたときは、その内容について説明をしなければならない。

（建設資材製造業者等に対する勧告及び命令等）

第四十一条の二　（略）

2～4　（略）

5　第二十六条の二十二第二項及び第三項の規定は、前項の規定による立入検査について準用する。

（公正取引委員会への措置請求等）

第四十二条　国土交通大臣又は都道府県知事は、その許可を受けた建設業者が第十九条の三第一項、第十九条の四、第二十四条の三第一項、第二十四条の四、第二十四条の五又は第二十四条の六第三項若しくは第四項の規定に違反している事実があり、その事実が私的独占の禁止及び公正取引の確保に関する法律第十九条の規定に違反していると認めるときは、公正取引委員会に対し、同法の規定に従い適当な措置をとるべきことを求めることができる。

2　（略）

（中小企業庁長官による措置）

第四十二条の二　中小企業庁長官は、中小企業者である下請負人の利益を保護するため特に必要があると認めるときは、元請負人若しくは下請負人に対しその取引に関する報告をさせ、又はその職員に、元請負人若しくは下請負人の営業所その他営業に関係のある場所に立ち入り、帳簿書類その他の物件を検査させることができる。

（建設資材製造業者等に対する勧告及び命令等）

第四十一条の二　（略）

2～4　（略）

5　第二十六条の二十一第二項及び第三項の規定は、前項の規定による立入検査について準用する。

（公正取引委員会への措置請求等）

第四十二条　国土交通大臣又は都道府県知事は、その許可を受けた建設業者が第十九条の三、第十九条の四、第二十四条の三第一項、第二十四条の四、第二十四条の五又は第二十四条の六第三項若しくは第四項の規定に違反している事実があり、その事実が私的独占の禁止及び公正取引の確保に関する法律第十九条の規定に違反していると認めるときは、公正取引委員会に対し、同法の規定に従い適当な措置をとるべきことを求めることができる。

2　（略）

第四十二条の二　中小企業庁長官は、中小企業者である下請負人の利益を保護するため特に必要があると認めるときは、元請負人若しくは下請負人に対しその取引に関する報告をさせ、又はその職員に元請負人若しくは下請負人の営業所その他営業に関係のある場所に立ち入り、帳簿書類その他の物件を検査させることができる。

2　第二十六条の二十二第二項及び第三項の規定は、前項の規定による立入検査について準用する。

3　中小企業庁長官は、第一項の規定による報告徴収又は立入検査の結果中小企業者である下請負人と下請契約を締結した元請負人が第十九条の三第一項、第十九条の四、第二十四条の三第一項、第二十四条の四、第二十四条の五又は第二十四条の六第三項若しくは第四項の規定に違反している事実があり、その事実が私的独占の禁止及び公正取引の確保に関する法律第十九条の規定に違反していると認めるときは、公正取引委員会に対し、同法の規定に従い適当な措置をとるべきことを求めることができる。

4　（略）

第四十七条　次の各号のいずれかに該当するときは、その違反行為をした者は、三年以下の懲役又は三百万円以下の罰金に処する。

一　第三条第一項の規定に違反して許可を受けないで建設業を営んだとき。

二　第十六条の規定に違反して下請契約を締結したとき。

三　第二十八条第三項又は第五項の規定による営業停止の処分に違反して建設業を営んだとき。

四　第二十九条の四第一項の規定による営業の禁止の処分に違反して建設業を営んだとき。

五　虚偽又は不正の事実に基づいて第三条第一項の許可（同条第三項の許可の更新を含む。）又は第十七条の二第一項から第三項まで若しくは第十七条の三第一項の認可を受けたとき。

2　（略）

第四十九条　第二十六条の十七（第二十七条の三十二において準用する場合を含む。）又は第二十七条の十四第二項（第二十七条の十九第五項において準用する場合を含む。）の規定による講習、試験事務、交付等事務又は経営状況分析の停止の命令に違反したときは、その違反

2　第二十六条の二十一第二項及び第三項の規定は、前項の規定による立入検査について準用する。

3　中小企業庁長官は、第一項の規定による報告又は検査の結果中小企業者である下請負人と下請契約を締結した元請負人が第十九条の三、第十九条の四、第二十四条の三第一項、第二十四条の四、第二十四条の五又は第二十四条の六第三項若しくは第四項の規定に違反している事実があり、その事実が私的独占の禁止及び公正取引の確保に関する法律第十九条の規定に違反していると認めるときは、公正取引委員会に対し、同法の規定に従い適当な措置をとるべきことを求めることができる。

4　（略）

第四十七条　次の各号のいずれかに該当する者は、三年以下の懲役又は三百万円以下の罰金に処する。

一　第三条第一項の規定に違反して許可を受けないで建設業を営んだ者

二　第十六条の規定に違反して下請契約を締結した者

三　第二十八条第三項又は第五項の規定による営業停止の処分に違反して建設業を営んだ者

四　第二十九条の四第一項の規定による営業の禁止の処分に違反して建設業を営んだ者

五　虚偽又は不正の事実に基づいて第三条第一項の許可（同条第三項の許可の更新を含む。）又は第十七条の二第一項から第三項まで若しくは第十七条の三第一項の認可を受けた者

2　（略）

第四十九条　第二十六条の十六（第二十七条の三十二において準用する場合を含む。）又は第二十七条の十四第二項（第二十七条の十九第五項において準用する場合を含む。）の規定による講習、試験事務、交付等事務又は経営状況分析の停止の命令に違反したときは、その違反

行為をした登録講習実施機関（その者が法人である場合にあつては、その役員）若しくはその職員、指定試験機関若しくは指定資格者証交付機関の役員若しくは職員又は登録経営状況分析機関（その者が法人である場合にあつては、その役員）若しくはその職員（第五十一条において「登録講習実施機関等の役職員」という。）は、一年以下の懲役又は百万円以下の罰金に処する。

第五十条　次の各号のいずれかに該当するときは、その違反行為をした者は、六月以下の懲役又は百万円以下の罰金に処する。

一　第五条（第十七条において準用する場合を含む。）の規定による許可申請書又は第六条第一項（第十七条において準用する場合を含む。）の規定による書類に虚偽の記載をしてこれを提出したとき。

二　第十一条第一項から第四項まで（第十七条において準用する場合を含む。）の規定による書類を提出せず、又は虚偽の記載をしてこれを提出したとき。

三　第十一条第五項（第十七条において準用する場合を含む。）の規定による届出をしなかつたとき。

四　第二十七条の二十四第二項若しくは第二十七条の二十六第二項の申請書又は第二十七条の二十四第三項若しくは第二十七条の二十六第三項の書類に虚偽の記載をしてこれを提出したとき。

2　（略）

第五十一条　次の各号のいずれかに該当するときは、その違反行為をした登録講習実施機関等の役職員は、五十万円以下の罰金に処する。

一　第二十六条の十三（第二十七条の三十二において準用する場合を含む。）の規定による届出をしないで講習若しくは経営状況分析の業務の全部を廃止し、又は第二十七条の十三第一項（第二十七条の十九第五項において準用する場合を含む。）の規定による許可を受けないで試験事務若しくは交付等事務の全部を廃止したとき。

二　第二十六条の十八（第二十七条の三十二において準用する場合を

行為をした登録講習実施機関（その者が法人である場合にあつては、その役員）若しくはその職員、指定試験機関若しくは指定資格者証交付機関の役員若しくは職員又は登録経営状況分析機関（その者が法人である場合にあつては、その役員）若しくはその職員（第五十一条において「登録講習実施機関等の役職員」という。）は、一年以下の懲役又は百万円以下の罰金に処する。

第五十条　次の各号のいずれかに該当する者は、六月以下の懲役又は百万円以下の罰金に処する。

一　第五条（第十七条において準用する場合を含む。）の規定による許可申請書又は第六条第一項（第十七条において準用する場合を含む。）の規定による書類に虚偽の記載をしてこれを提出した者

二　第十一条第一項から第四項まで（第十七条において準用する場合を含む。）の規定による書類を提出せず、又は虚偽の記載をしてこれを提出した者

三　第十一条第五項（第十七条において準用する場合を含む。）の規定による届出をしなかつた者

四　第二十七条の二十四第二項若しくは第二十七条の二十六第二項の申請書又は第二十七条の二十四第三項若しくは第二十七条の二十六第三項の書類に虚偽の記載をしてこれを提出した者

2　（略）

第五十一条　次の各号のいずれかに該当するときは、その違反行為をした登録講習実施機関等の役職員は、五十万円以下の罰金に処する。

一　第二十六条の十二（第二十七条の三十二において準用する場合を含む。）の規定による届出をしないで講習若しくは経営状況分析の業務の全部を廃止し、又は第二十七条の十三第一項（第二十七条の十九第五項において準用する場合を含む。）の規定による許可を受けないで試験事務若しくは交付等事務の全部を廃止したとき。

二　第二十六条の十七（第二十七条の三十二において準用する場合を

含む。）又は第二十七条の十の規定に違反して帳簿を備えず、帳簿に記載せず、若しくは帳簿に虚偽の記載をし、又は帳簿を保存しなかつたとき。

三　第二十六条の二十一（第二十七条の三十二において準用する場合を含む。）若しくは第二十七条の十二第一項（第二十七条の十九第五項において準用する場合を含む。以下この号において同じ。）の規定による報告を求められて、報告をせず、若しくは虚偽の報告をし、又は第二十六条の二十二（第二十七条の三十二において準用する場合を含む。）若しくは第二十七条の十二第一項の規定による検査を拒み、妨げ、若しくは忌避したとき。

第五十四条　第二十六条の十四第一項（第二十七条の三十二において準用する場合を含む。）の規定に違反して財務諸表等を備えて置かず、財務諸表等に記載すべき事項を記載せず、若しくは虚偽の記載をし、又は正当な理由がないのに第二十六条の十四第二項各号（第二十七条の三十二において準用する場合を含む。）の規定による請求を拒んだ者は、二十万円以下の過料に処する。

別表第二（第二十六条の八関係）

（略）

含む。）又は第二十七条の十の規定に違反して帳簿を備えず、帳簿に記載せず、若しくは帳簿に虚偽の記載をし、又は帳簿を保存しなかつたとき。

三　第二十六条の二十（第二十七条の三十二において準用する場合を含む。）若しくは第二十七条の十二第一項（第二十七条の十九第五項において準用する場合を含む。以下この号において同じ。）の規定による報告を求められて、報告をせず、若しくは虚偽の報告をし、又は第二十六条の二十一（第二十七条の三十二において準用する場合を含む。）若しくは第二十七条の十二第一項の規定による検査を拒み、妨げ、若しくは忌避したとき。

第五十四条　第二十六条の十三第一項（第二十七条の三十二において準用する場合を含む。）の規定に違反して財務諸表等を備えて置かず、財務諸表等に記載すべき事項を記載せず、若しくは虚偽の記載をし、又は正当な理由がないのに第二十六条の十三第二項各号（第二十七条の三十二において準用する場合を含む。）の規定による請求を拒んだ者は、二十万円以下の過料に処する。

別表第二（第二十六条の七関係）

（略）

○　公共工事の入札及び契約の適正化の促進に関する法律（平成十二年法律第百二十七号）（抄）（第二条関係）

（傍線の部分は改正部分）

改正案	現行
目次	目次
第一章～第四章　（略）	第一章～第四章　（略）
第五章　施工体制の適正化（第十四条―第十七条）	第五章　施工体制の適正化（第十四条―第十六条）
第六章　適正化指針（第十八条―第二十一条）	第六章　適正化指針（第十七条―第二十条）
第七章　国による情報の収集、整理及び提供等（第二十二条・第二十三条）	第七章　国による情報の収集、整理及び提供等（第二十一条・第二十二条）
附則	附則
（国土交通大臣又は都道府県知事への通知）	（国土交通大臣又は都道府県知事への通知）
第十一条　各省各庁の長等は、それぞれ国等が発注する公共工事の入札及び契約に関し、当該公共工事の受注者である建設業者（建設業法第二条第三項に規定する建設業者をいう。次条において同じ。）に次の各号のいずれかに該当すると疑うに足りる事実があるときは、当該建設業者が建設業の許可を受けた国土交通大臣又は都道府県知事及び当該事実に係る営業が行われる区域を管轄する都道府県知事に対し、その事実を通知しなければならない。	第十一条　各省各庁の長等は、それぞれ国等が発注する公共工事の入札及び契約に関し、当該公共工事の受注者である建設業者（建設業法第二条第三項に規定する建設業者をいう。次条において同じ。）に次の各号のいずれかに該当すると疑うに足りる事実があるときは、当該建設業者が建設業の許可を受けた国土交通大臣又は都道府県知事及び当該事実に係る営業が行われる区域を管轄する都道府県知事に対し、その事実を通知しなければならない。
一　（略）	一　（略）
二　第十五条第二項若しくは第三項、同条第一項の規定により読み替えて適用される建設業法第二十四条の八第一項、第二項若しくは第四項又は同法第十九条の三第二項、第十九条の五、第二十条第二項若しくは第六項、第二十六条第一項から第三項まで、第二十六条の二若しくは第二十六条の三第七項の規定に違反したこと。	二　第十五条第二項若しくは第三項、同条第一項の規定により読み替えて適用される建設業法第二十四条の八第一項、第二項若しくは第四項又は同法第十九条の五、第二十六条第一項から第三項まで、第二十六条の二若しくは第二十六条の三第七項の規定に違反したこと。
（入札金額の内訳の提出）	（入札金額の内訳の提出）
第十二条　建設業者は、公共工事の入札に係る申込みの際に、入札金額	第十二条　建設業者は、公共工事の入札に係る申込みの際に、入札金額

の内訳（材料費、労務費及び当該公共工事に従事する労働者による適正な施工を確保するために不可欠な経費として国土交通省令で定めるものその他当該公共工事の施工のために必要な経費をいう。）を記載した書類を提出しなければならない。

（各省各庁の長等の責務）

第十三条　（略）

2　各省各庁の長等は、公共工事について、主要な資材の供給の著しい減少、資材の価格の高騰その他の工期又は請負代金の額に影響を及ぼすものとして国土交通省令で定める事象が発生した場合において、公共工事の受注者が請負契約の内容の変更について協議を申し出たときは、誠実に当該協議に応じなければならない。

（施工体制台帳の作成及び提出等）

第十五条　（略）

2　公共工事の受注者（前項の規定により読み替えて適用される建設業法第二十四条の八第一項の規定により同項に規定する施工体制台帳（以下「施工体制台帳」という。）を作成しなければならないこととされているものに限る。）は、当該公共工事に関する工事現場の施工体制を発注者が情報通信技術を利用する方法により確認することができる措置として国土交通省令で定めるものを講じている場合を除き、作成した施工体制台帳（同項の規定により記載すべきものとされた事項に変更が生じたことに伴い新たに作成されたものを含む。）の写しを発注者に提出しなければならない。この場合においては、同条第三項の規定は、適用しない。

3　前項の公共工事の受注者は、発注者から、公共工事の施工の技術上の管理をつかさどる者（第十七条第一項において「施工技術者」という。）の設置の状況その他の工事現場の施工体制が施工体制台帳の記載に合致しているかどうかの点検を求められたときは、これを拒んではならない。

の内訳を記載した書類を提出しなければならない。

（各省各庁の長等の責務）

第十三条　（略）

（新設）

（施工体制台帳の作成及び提出等）

第十五条　（略）

2　公共工事の受注者（前項の規定により読み替えて適用される建設業法第二十四条の八第一項の規定により同項に規定する施工体制台帳（以下単に「施工体制台帳」という。）を作成しなければならないこととされているものに限る。）は、作成した施工体制台帳（同項の規定により記載すべきものとされた事項に変更が生じたことに伴い新たに作成されたものを含む。）の写しを発注者に提出しなければならない。この場合においては、同条第三項の規定は、適用しない。

3　前項の公共工事の受注者は、発注者から、公共工事の施工の技術上の管理をつかさどる者（次条において「施工技術者」という。）の設置の状況その他の工事現場の施工体制が施工体制台帳の記載に合致しているかどうかの点検を求められたときは、これを拒んではならない。

（公共工事の適正な施工の確保のために必要な措置）

第十六条　公共工事についての建設業法第二十五条の二十八の規定の適用については、同条第一項及び第二項中「特定建設業者」とあるのは、「建設業者」とする。

（各省各庁の長等の責務）

第十七条　（略）

2　前項に規定するもののほか、同項の各省各庁の長等は、前条の規定により読み替えて適用する建設業法第二十五条の二十八第一項及び第二項に規定する措置が適確に講じられるよう、これらの規定に規定する建設業者に対し、必要な助言、指導その他の援助を行うよう努めなければならない。

第十八条～第二十三条　（略）

（新設）

（各省各庁の長等の責務）

第十六条　（略）

（新設）

第十七条～第二十二条　（略）

建設業法及び公共工事の入札及び契約の適正化の促進に関する法律の一部を改正する法律案　参照条文　目次

○　建設業法（昭和二十四年法律第百号）（抄）

目次

（建設業の許可）

第三条　建設業を営もうとする者は、次に掲げる区分により、この章で定めるところにより、二以上の都道府県の区域内に営業所（本店又は支店若しくは政令で定めるこれに準ずるものをいう。以下同じ。）を設けて営業をしようとする場合にあつては国土交通大臣の、一の都道府県の区域内にのみ営業所を設けて営業をしようとする場合にあつては当該営業所の所在地を管轄する都道府県知事の許可を受けなければならない。ただし、政令で定める軽微な建設工事のみを請け負うことを営業とする者は、この限りでない。

一　建設業を営もうとする者であつて、次号に掲げる者以外のもの

二　建設業を営もうとする者であつて、その営業にあたつて、その者が発注者から直接請け負う一件の建設工事につき、その工事の全部又は一部を、下請代金の額（その工事に係る下請契約が二以上あるときは、下請代金の額の総額）が政令で定める金額以上となる下請契約を締結し

て施工しようとするもの
2 前項の許可は、別表第一の上欄に掲げる建設工事の種類ごとに、それぞれ同表の下欄に掲げる建設業に分けて与えるものとする。
3 第一項の許可は、五年ごとにその更新を受けなければ、その期間の経過によつて、その効力を失う。
4 前項の更新の申請があつた場合において、同項の期間（以下「許可の有効期間」という。）の満了の日までにその申請に対する処分がされないときは、従前の許可は、許可の有効期間の満了後もその処分がされるまでの間は、なおその効力を有する。
5 前項の場合において、許可の更新がされたときは、その許可の有効期間は、従前の許可の有効期間の満了の日の翌日から起算するものとする。
6 第一項第一号に掲げる者に係る同項の許可（第三項の許可の更新を含む。以下「一般建設業の許可」という。）を受けた者が、当該許可に係る建設業について、第一項第二号に掲げる者に係る同項の許可（第三項の許可の更新を含む。以下「特定建設業の許可」という。）を受けたときは、その者に対する当該建設業に係る一般建設業の許可は、その効力を失う。

（許可の申請）
第五条　一般建設業の許可（第八条第二号及び第三号を除き、以下この節において「許可」という。）を受けようとする者は、国土交通省令で定めるところにより、二以上の都道府県の区域内に営業所を設けて営業をしようとする場合にあつては国土交通大臣に、一の都道府県の区域内にのみ営業所を設けて営業をしようとする場合にあつては当該営業所の所在地を管轄する都道府県知事に、次に掲げる事項を記載した許可申請書を提出しなければならない。
一　商号又は名称
二　営業所の名称及び所在地
三　法人である場合においては、その資本金額（出資総額を含む。第二十四条の六第一項において同じ。）及び役員等（業務を執行する社員、取締役、執行役若しくはこれらに準ずる者又は相談役、顧問その他いかなる名称を有する者であるかを問わず、法人に対し業務を執行する社員、取締役、執行役若しくはこれらに準ずる者と同等以上の支配力を有するものと認められる者をいう。以下同じ。）の氏名
四　個人である場合においては、その者の氏名及び支配人があるときは、その者の氏名
五　その営業所ごとに置かれる第七条第二号イ、ロ又はハに該当する者の氏名
六　許可を受けようとする建設業
七　他に営業を行つている場合においては、その営業の種類

（許可の基準）
第七条　国土交通大臣又は都道府県知事は、許可を受けようとする者が次に掲げる基準に適合していると認めるときでなければ、許可をしてはならない。
一　建設業に係る経営業務の管理を適正に行うに足りる能力を有するものとして国土交通省令で定める基準に適合する者であること。
二　その営業所ごとに、次のいずれかに該当する者で専任のものを置く者であること。

イ　許可を受けようとする建設業に係る建設工事に関し学校教育法（昭和二十二年法律第二十六号）による高等学校（旧中等学校令（昭和十八年勅令第三十六号）による実業学校を含む。第二十六条の七第一項第二号ロにおいて同じ。）若しくは中等教育学校を卒業した後五年以上又は同法による大学（旧大学令（大正七年勅令第三百八十八号）による大学を含む。同号ロにおいて同じ。）若しくは高等専門学校（旧専門学校令（明治三十六年勅令第六十一号）による専門学校を含む。同号ロにおいて同じ。）を卒業した（同法による専門職大学の前期課程を修了した場合を含む。）後三年以上実務の経験を有する者で在学中に国土交通省令で定める学科を修めたもの

ロ　許可を受けようとする建設業に係る建設工事に関し十年以上実務の経験を有する者

ハ　国土交通大臣がイ又はロに掲げる者と同等以上の知識及び技術又は技能を有するものと認定した者

三　法人である場合においては当該法人又はその役員等若しくは政令で定める使用人が、個人である場合においてはその者又は政令で定める使用人が、請負契約に関して不正又は不誠実な行為をするおそれが明らかな者でないこと。

四　請負契約（第三条第一項ただし書の政令で定める軽微な建設工事に係るものを除く。）を履行するに足りる財産的基礎又は金銭的信用を有しないことが明らかな者でないこと。

（変更等の届出）

第十一条　許可に係る建設業者は、第五条第一号から第五号までに掲げる事項について変更があつたときは、国土交通省令の定めるところにより、三十日以内に、その旨の変更届出書を国土交通大臣又は都道府県知事に提出しなければならない。

2　許可に係る建設業者は、毎事業年度終了の時における第六条第一項第一号及び第二号に掲げる書類その他国土交通省令で定める書類を、毎事業年度経過後四月以内に、国土交通大臣又は都道府県知事に提出しなければならない。

3　許可に係る建設業者は、第六条第一項第三号に掲げる書面その他国土交通省令で定める書類の記載事項に変更を生じたときは、毎事業年度経過後四月以内に、その旨を書面で国土交通大臣又は都道府県知事に届け出なければならない。

4　許可に係る建設業者は、営業所に置く第七条第二号イ、ロ又はハに該当する者として証明された者が当該営業所に置かれなくなつた場合又は同号ハに該当しなくなつた場合において、これに代わるべき者があるときは、国土交通省令の定めるところにより、二週間以内に、その者について、第六条第一項第五号に掲げる書面を国土交通大臣又は都道府県知事に提出しなければならない。

5　許可に係る建設業者は、第七条第一号若しくは第二号に掲げる基準を満たさなくなつたとき、又は第八条第一号及び第七号から第十四号までのいずれかに該当するに至つたときは、国土交通省令の定めるところにより、二週間以内に、その旨を書面で国土交通大臣又は都道府県知事に届け出なければならない。

（許可の基準）

第十五条　国土交通大臣又は都道府県知事は、特定建設業の許可を受けようとする者が次に掲げる基準に適合していると認めるときでなければ、許可をしてはならない。

一　第七条第一号及び第三号に該当する者であること。

二　その営業所ごとに次のいずれかに該当する者で専任のものを置く者であること。ただし、施工技術（設計図書に従つて建設工事を適正に実施するために必要な専門の知識及びその応用能力をいう。以下同じ。）の総合性、施工技術の普及状況その他の事情を考慮して政令で定める建設業（以下「指定建設業」という。）の許可を受けようとする者にあつては、その営業所ごとに置くべき専任の者は、イに該当する者又はハの規定により国土交通大臣がイに掲げる者と同等以上の能力を有するものと認定した者でなければならない。

イ　第二十七条第一項の規定による技術検定その他の法令の規定による試験で許可を受けようとする建設業の種類に応じ国土交通大臣が定めるものに合格した者又は他の法令の規定による免許で許可を受けようとする建設業の種類に応じ国土交通大臣が定めるものを受けた者

ロ　第七条第二号イ、ロ又はハに該当する者のうち、許可を受けようとする建設業に係る建設工事で、発注者から直接請け負い、その請負代金の額が政令で定める金額以上であるものに関し二年以上指導監督的な実務の経験を有する者

ハ　国土交通大臣がイ又はロに掲げる者と同等以上の能力を有するものと認定した者

三　発注者との間の請負契約で、その請負代金の額が政令で定める金額以上であるものを履行するに足りる財産的基礎を有すること。

（準用規定）

第十七条　第五条、第六条及び第八条から第十四条までの規定は、特定建設業の許可及び特定建設業の許可を受けた者（以下「特定建設業者」という。）について準用する。この場合において、第五条第五号中「第七条第二号イ、ロ又はハ」とあるのは「第十五条第二号イ、ロ又はハ」と、第六条第一項第五号中「次条第一号及び第二号」とあるのは「第七条第一号及び第十五条第二号」と、第十一条第四項中「第七条第二号イ、ロ又はハ」とあるのは「第十五条第二号イ、ロ又はハ」と、「同号ハ」とあるのは「同号イ、ロ若しくはハ」と、同条第五項中「第七条第一号若しくは第二号」とあるのは「第七条第一号若しくは第十五条第二号」と読み替えるものとする。

（建設工事の請負契約の内容）

第十九条　建設工事の請負契約の当事者は、前条の趣旨に従つて、契約の締結に際して次に掲げる事項を書面に記載し、署名又は記名押印をして相互に交付しなければならない。

一　工事内容

二　請負代金の額

三　工事着手の時期及び工事完成の時期

四　工事を施工しない日又は時間帯の定めをするときは、その内容

五　請負代金の全部又は一部の前金払又は出来形部分に対する支払の定めをするときは、その支払の時期及び方法

六　当事者の一方から設計変更又は工事着手の延期若しくは工事の全部若しくは一部の中止の申出があつた場合における工期の変更、請負代金の額の変更又は損害の負担及びそれらの額の算定方法に関する定め

七　天災その他不可抗力による工期の変更又は損害の負担及びその額の算定方法に関する定め

八　価格等（物価統制令（昭和二十一年勅令第百十八号）第二条に規定する価格等をいう。）の変動若しくは変更に基づく請負代金の額又は工

事内容の変更
九　工事の施工により第三者が損害を受けた場合における賠償金の負担に関する定め
十　注文者が工事に使用する資材を提供し、又は建設機械その他の機械を貸与するときは、その内容及び方法に関する定め
十一　注文者が工事の全部又は一部の完成を確認するための検査の時期及び方法並びに引渡しの時期
十二　工事完成後における請負代金の支払の時期及び方法
十三　工事の目的物が種類又は品質に関して契約の内容に適合しない場合におけるその不適合を担保すべき責任又は当該責任の履行に関して講ずべき保証保険契約の締結その他の措置に関する定めをするときは、その内容
十四　各当事者の履行の遅滞その他債務の不履行の場合における遅延利息、違約金その他の損害金
十五　契約に関する紛争の解決方法
十六　その他国土交通省令で定める事項
2　請負契約の当事者は、請負契約の内容で前項に掲げる事項に該当するものを変更するときは、その変更の内容を書面に記載し、署名又は記名押印をして相互に交付しなければならない。
3　（略）

（不当に低い請負代金の禁止）
第十九条の三　注文者は、自己の取引上の地位を不当に利用して、その注文した建設工事を施工するために通常必要と認められる原価に満たない金額を請負代金の額とする請負契約を締結してはならない。

（著しく短い工期の禁止）
第十九条の五　注文者は、その注文した建設工事を施工するために通常必要と認められる期間に比して著しく短い期間を工期とする請負契約を締結してはならない。

（発注者に対する勧告等）
第十九条の六　建設業者と請負契約を締結した発注者（私的独占の禁止及び公正取引の確保に関する法律（昭和二十二年法律第五十四号）第二条第一項に規定する事業者に該当するものを除く。）が第十九条の三又は第十九条の四の規定に違反した場合において、特に必要があると認めるときは、当該建設業者の許可をした国土交通大臣又は都道府県知事は、当該発注者に対して必要な勧告をすることができる。
2　建設業者と請負契約（請負代金の額が政令で定める金額以上であるものに限る。）を締結した発注者が前条の規定に違反した場合において、特に必要があると認めるときは、当該建設業者の許可をした国土交通大臣又は都道府県知事は、当該発注者に対して必要な勧告をすることができる。
3　国土交通大臣又は都道府県知事は、前項の勧告を受けた発注者がその勧告に従わないときは、その旨を公表することができる。

4　国土交通大臣又は都道府県知事は、第一項又は第二項の勧告を行うため必要があると認めるときは、当該発注者に対して、報告又は資料の提出を求めることができる。

（建設工事の見積り等）

第二十条　建設業者は、建設工事の請負契約を締結するに際して、工事内容に応じ、工事の種別ごとの材料費、労務費その他の経費の内訳並びに工事の工程ごとの作業及びその準備に必要な日数を明らかにして、建設工事の見積りを行うよう努めなければならない。

2　建設業者は、建設工事の注文者から請求があつたときは、請負契約が成立するまでの間に、建設工事の見積書を交付しなければならない。

3　建設業者は、前項の規定による見積書の交付に代えて、政令で定めるところにより、建設工事の注文者の承諾を得て、当該見積書に記載すべき事項を電子情報処理組織を使用する方法その他の情報通信の技術を利用する方法であつて国土交通省令で定めるものにより提供することができる。この場合において、当該建設業者は、当該見積書を交付したものとみなす。

4　建設工事の注文者は、請負契約の方法が随意契約による場合にあつては契約を締結するまでに、入札の方法により競争に付する場合にあつては入札を行うまでに、第十九条第一項第一号及び第三号から第十六号までに掲げる事項について、できる限り具体的な内容を提示し、かつ、当該提示から当該契約の締結又は入札までに、建設業者が当該建設工事の見積りをするために必要な政令で定める一定の期間を設けなければならない。

（工期等に影響を及ぼす事象に関する情報の提供）

第二十条の二　建設工事の注文者は、当該建設工事について、地盤の沈下その他の工期又は請負代金の額に影響を及ぼすものとして国土交通省令で定める事象が発生するおそれがあると認めるときは、請負契約を締結するまでに、建設業者に対して、その旨及び当該事象の状況の把握のため必要な情報を提供しなければならない。

（不利益取扱いの禁止）

第二十四条の五　元請負人は、当該元請負人について第十九条の三、第十九条の四、第二十四条の三第一項、前条又は次条第三項若しくは第四項の規定に違反する行為があるとして下請負人が国土交通大臣等（当該元請負人が許可を受けた国土交通大臣又は都道府県知事をいう。）、公正取引委員会又は中小企業庁長官にその事実を通報したことを理由として、当該下請負人に対して、取引の停止その他の不利益な取扱いをしてはならない。

（施工体制台帳及び施工体系図の作成等）

第二十四条の八　特定建設業者は、発注者から直接建設工事を請け負つた場合において、当該建設工事を施工するために締結した下請契約の請負代金の額（当該下請契約が二以上あるときは、それらの請負代金の額の総額）が政令で定める金額以上になるときは、建設工事の適正な施工を確保するため、国土交通省令で定めるところにより、当該建設工事について、下請負人の商号又は名称、当該下請負人に係る建設工事の内容及び工期その他の国土交通省令で定める事項を記載した施工体制台帳を作成し、工事現場ごとに備え置かなければならない。
2　前項の建設工事の下請負人は、その請け負つた建設工事を他の建設業を営む者に請け負わせたときは、国土交通省令で定めるところにより、同項の特定建設業者に対して、当該他の建設業を営む者の商号又は名称、当該者の請け負つた建設工事の内容及び工期その他の国土交通省令で定める事項を通知しなければならない。
3　第一項の特定建設業者は、同項の発注者から請求があつたときは、同項の規定により備え置かれた施工体制台帳を、その発注者の閲覧に供しなければならない。
4　第一項の特定建設業者は、国土交通省令で定めるところにより、当該建設工事における各下請負人の施工の分担関係を表示した施工体系図を作成し、これを当該工事現場の見やすい場所に掲げなければならない。

（施工技術の確保に関する建設業者等の責務）
第二十五条の二十七　建設業者は、建設工事の担い手の育成及び確保その他の施工技術の確保に努めなければならない。
2　建設工事に従事する者は、建設工事を適正に実施するために必要な知識及び技術又は技能の向上に努めなければならない。
3　国土交通大臣は、前二項の施工技術の確保並びに知識及び技術又は技能の向上に資するため、必要に応じ、講習及び調査の実施、資料の提供その他の措置を講ずるものとする。

（主任技術者及び監理技術者の設置等）
第二十六条　建設業者は、その請け負つた建設工事を施工するときは、当該建設工事に関し第七条第二号イ、ロ又はハに該当する者で当該工事現場における建設工事の施工の技術上の管理をつかさどるもの（以下「主任技術者」という。）を置かなければならない。
2　発注者から直接建設工事を請け負つた特定建設業者は、当該建設工事を施工するために締結した下請契約の請負代金の額（当該下請契約が二以上あるときは、それらの請負代金の額の総額）が第三条第一項第二号の政令で定める金額以上になる場合においては、前項の規定にかかわらず、当該建設工事に関し第十五条第二号イ、ロ又はハに該当する者（当該建設工事に係る建設業が指定建設業である場合にあつては、同号イに該当する者又は同号ハの規定により国土交通大臣が同号イに掲げる者と同等以上の能力を有するものと認定した者）で当該工事現場における建設工事の施工の技術上の管理をつかさどるもの（以下「監理技術者」という。）を置かなければならない。
3　公共性のある施設若しくは工作物又は多数の者が利用する施設若しくは工作物に関する重要な建設工事で政令で定めるものについては、前二項の規定により置かなければならない主任技術者又は監理技術者は、工事現場ごとに、専任の者でなければならない。ただし、監理技術者にあつては、発注者から直接当該建設工事を請け負つた特定建設業者が、当該監理技術者の行うべき第二十六条の四第一項に規定する職務を補佐する者として、当該建設工事に関し第十五条第二号イ、ロ又はハに該当する者に準ずる者として政令で定める者を当該工事現場に専任で置くときは、この限りでない。
4　前項ただし書の規定は、同項ただし書の工事現場の数が、同一の特例監理技術者（同項ただし書の規定の適用を受ける監理技術者をいう。次項において同じ。）がその行うべき各工事現場に係る第二十六条の四第一項に規定する職務を行つたとしてもその適切な実施に支障を生ずるおそれがないものとして政令で定める数を超えるときは、適用しない。
5　第三項の規定により専任の者でなければならない監理技術者（特例監理技術者を含む。）は、第二十七条の十八第一項の規定による監理技術者資格者証の交付を受けている者であつて、第二十六条の五から第二十六条の七までの規定により国土交通大臣の登録を受けた講習を受講したもののうちから、これを選任しなければならない。
6　前項の規定により選任された監理技術者は、発注者から請求があつたときは、監理技術者資格者証を提示しなければならない。

（主任技術者及び監理技術者の職務等）
第二十六条の四　主任技術者及び監理技術者は、工事現場における建設工事を適正に実施するため、当該建設工事の施工計画の作成、工程管理、品質管理その他の技術上の管理及び当該建設工事の施工に従事する者の技術上の指導監督の職務を誠実に行わなければならない。
2　（略）

（登録）
第二十六条の五　第二十六条第五項の登録は、同項の講習を行おうとする者の申請により行う。

（欠格条項）
第二十六条の六　次の各号のいずれかに該当する者が行う講習は、第二十六条第五項の登録を受けることができない。
一　この法律又はこの法律に基づく命令に違反し、罰金以上の刑に処せられ、その執行を終わり、又は執行を受けることがなくなつた日から二年を経過しない者
二　第二十六条の十六の規定により第二十六条第五項の講習の登録を取り消され、その取消しの日から二年を経過しない者
三　法人であつて、第二十六条第五項の講習を行う役員のうちに前二号のいずれかに該当する者があるもの

（登録の要件等）
第二十六条の七　国土交通大臣は、第二十六条の五の規定により申請のあつた講習が次に掲げる要件の全てに適合しているときは、その登録をしなければならない。この場合において、登録に関して必要な手続は、国土交通省令で定める。
一　次に掲げる科目について行われるものであること。
イ　建設工事に関する法律制度
ロ　建設工事の施工計画の作成、工程管理、品質管理その他の技術上の管理
ハ　建設工事に関する最新の材料、資機材及び施工方法
二　前号ロ及びハに掲げる科目にあつては、次のいずれかに該当する者が講師として講習の業務に従事するものであること。
イ　監理技術者となつた経験を有する者

ロ　学校教育法による高等学校、中等教育学校、大学、高等専門学校又は専修学校における別表第二に掲げる学科の教員となつた経歴を有する者
ハ　イ又はロに掲げる者と同等以上の能力を有する者
三　建設業者に支配されているものとして次のいずれかに該当するものでないこと。
イ　第二十六条の五の規定により登録を申請した者（以下この号において「登録申請者」という。）が株式会社である場合にあつては、建設業者がその親法人（会社法（平成十七年法律第八十六号）第八百七十九条第一項に規定する親法人をいう。第二十七条の三十一第二項第一号において同じ。）であること。
ロ　登録申請者の役員（持分会社（会社法第五百七十五条第一項に規定する持分会社をいう。第二十七条の三十一第二項第二号において同じ。）にあつては、業務を執行する社員）に占める建設業者の役員又は職員（過去二年間に当該建設業者の役員又は職員であつた者を含む。）の割合が二分の一を超えていること。
ハ　登録申請者（法人にあつては、その代表権を有する役員）が建設業者の役員又は職員（過去二年間に当該建設業者の役員又は職員であつた者を含む。）であること。
2　登録は、講習登録簿に次に掲げる事項を記載してするものとする。
一　登録年月日及び登録番号
二　第二十六条第五項の登録を受けた講習（以下単に「講習」という。）を行う者（以下「登録講習実施機関」という。）の氏名又は名称及び住所並びに法人にあつては、その代表者の氏名
三　登録講習実施機関が講習を行う事務所の所在地

（登録の更新）
第二十六条の八　第二十六条第五項の登録は、三年を下らない政令で定める期間ごとにその更新を受けなければ、その期間の経過によつて、その効力を失う。
2　前三条の規定は、前項の登録の更新について準用する。

（講習の実施に係る義務）
第二十六条の九　登録講習実施機関は、公正に、かつ、第二十六条の七第一項第一号及び第二号に掲げる要件並びに国土交通省令で定める基準に適合する方法により講習を行わなければならない。

（登録事項の変更の届出）
第二十六条の十　登録講習実施機関は、第二十六条の七第二項第二号又は第三号に掲げる事項を変更しようとするときは、変更しようとする日の二週間前までに、その旨を国土交通大臣に届け出なければならない。

（講習規程）
第二十六条の十一　登録講習実施機関は、講習に関する規程（次項において「講習規程」という。）を定め、講習の開始前に、国土交通大臣に届け出なければならない。これを変更しようとするときも、同様とする。
2　講習規程には、講習の実施方法、講習に関する料金その他の国土交通省令で定める事項を定めておかなければならない。

（業務の休廃止）
第二十六条の十二　登録講習実施機関は、講習の全部又は一部を休止し、又は廃止しようとするときは、国土交通省令で定めるところにより、あらかじめ、その旨を国土交通大臣に届け出なければならない。

（財務諸表等の備付け及び閲覧等）
第二十六条の十三　登録講習実施機関は、毎事業年度経過後三月以内に、その事業年度の財産目録、貸借対照表及び損益計算書又は収支計算書並びに事業報告書（その作成に代えて電磁的記録（電子的方式、磁気的方式その他の人の知覚によつては認識することができない方式で作られる記録であつて、電子計算機による情報処理の用に供されるものをいう。以下この条において同じ。）の作成がされている場合における当該電磁的記録を含む。次項及び第五十四条において「財務諸表等」という。）を作成し、五年間事務所に備えて置かなければならない。
2　建設業者その他の利害関係人は、登録講習実施機関の業務時間内は、いつでも、次に掲げる請求をすることができる。ただし、第二号又は第四号の請求をするには、登録講習実施機関の定めた費用を支払わなければならない。
一　財務諸表等が書面をもつて作成されているときは、当該書面の閲覧又は謄写の請求
二　前号の書面の謄本又は抄本の請求
三　財務諸表等が電磁的記録をもつて作成されているときは、当該電磁的記録に記録された事項を国土交通省令で定める方法により表示したものの閲覧又は謄写の請求
四　前号の電磁的記録に記録された事項を電磁的方法であつて国土交通省令で定めるものにより提供することの請求又は当該事項を記載した書面の交付の請求

（適合命令）
第二十六条の十四　国土交通大臣は、講習が第二十六条の七第一項の規定に適合しなくなつたと認めるときは、その登録講習実施機関に対し、同項の規定に適合するため必要な措置をとるべきことを命ずることができる。

（改善命令）
第二十六条の十五　国土交通大臣は、登録講習実施機関が第二十六条の九の規定に違反していると認めるときは、その登録講習実施機関に対し、

同条の規定による講習を行うべきこと又は講習の方法その他の業務の方法の改善に関し必要な措置をとるべきことを命ずることができる。

（登録の取消し等）

第二十六条の十六　国土交通大臣は、登録講習実施機関が次の各号のいずれかに該当するときは、当該登録講習実施機関の行う講習の登録を取り消し、又は期間を定めて講習の全部若しくは一部の停止を命ずることができる。

一　第二十六条の六第一号又は第三号に該当するに至つたとき。

二　第二十六条の十から第二十六条の十二まで、第二十六条の十三第一項又は次条の規定に違反したとき。

三　正当な理由がないのに第二十六条の十三第二項各号の規定による請求を拒んだとき。

四　前二条の規定による命令に違反したとき。

五　不正の手段により第二十六条第五項の登録を受けたとき。

（帳簿の記載）

第二十六条の十七　登録講習実施機関は、国土交通省令で定めるところにより、帳簿を備え、講習に関し国土交通省令で定める事項を記載し、これを保存しなければならない。

（国土交通大臣による講習の実施）

第二十六条の十八　国土交通大臣は、講習を行う者がいないとき、第二十六条の十二の規定による講習の全部又は一部の休止又は廃止の届出があつたとき、第二十六条の十六の規定により第二十六条第五項の登録を取り消し、又は登録講習実施機関に対し講習の全部若しくは一部の停止を命じたとき、登録講習実施機関が天災その他の事由により講習の全部又は一部を実施することが困難となつたとき、その他必要があると認めるときは、講習の全部又は一部を自ら行うことができる。

2　国土交通大臣が前項の規定により講習の全部又は一部を自ら行う場合における講習の引継ぎその他の必要な事項については、国土交通省令で定める。

（手数料）

第二十六条の十九　前条第一項の規定により国土交通大臣が行う講習を受けようとする者は、実費を勘案して政令で定める額の手数料を国に納めなければならない。

（報告の徴収）

第二十六条の二十　国土交通大臣は、この法律の施行に必要な限度において、登録講習実施機関に対し、その業務又は経理の状況に関し報告をさせることができる。

（立入検査）

第二十六条の二十一　国土交通大臣は、この法律の施行に必要な限度において、その職員に、登録講習実施機関の事務所に立ち入り、業務の状況又は帳簿、書類その他の物件を検査させることができる。

2　前項の規定により立入検査をする職員は、その身分を示す証明書を携帯し、関係者に提示しなければならない。

3　第一項の規定による立入検査の権限は、犯罪捜査のために認められたものと解してはならない。

（公示）

第二十六条の二十二　国土交通大臣は、次に掲げる場合には、その旨を官報に公示しなければならない。

一　第二十六条第五項の登録をしたとき。

二　第二十六条の十の規定による届出があつたとき。

三　第二十六条の十二の規定による届出があつたとき。

四　第二十六条の十六の規定により第二十六条第五項の登録を取り消し、又は講習の停止を命じたとき。

五　第二十六条の十八の規定により講習の全部若しくは一部を自ら行うこととするとき、又は自ら行つていた講習の全部若しくは一部を行わないこととするとき。

（技術検定）

第二十七条　国土交通大臣は、施工技術の向上を図るため、建設業者の施工する建設工事に従事し又はしようとする者について、政令の定めるところにより、技術検定を行うことができる。

2～7　（略）

（報告及び検査）

第二十七条の十二　国土交通大臣は、試験事務の適正な実施を確保するため必要があると認めるときは、指定試験機関に対して、試験事務の状況に関し必要な報告を求め、又はその職員に、指定試験機関の事務所に立ち入り、試験事務の状況若しくは設備、帳簿、書類その他の物件を検査させることができる。

2　第二十六条の二十一第二項及び第三項の規定は、前項の規定による立入検査について準用する。

（監理技術者資格者証の交付）

第二十七条の十八　国土交通大臣は、監理技術者資格（建設業の種類に応じ、第十五条第二号イの規定により国土交通大臣が定める試験に合格し、若しくは同号イの規定により国土交通大臣が定める免許を受けていること、第七条第二号イ若しくはロに規定する実務の経験若しくは学科の修得若しくは同号ハの規定による国土交通大臣の認定があり、かつ、第十五条第二号ロに規定する実務の経験を有していること、又は同号ハの規定により同号イ若しくはロに掲げる者と同等以上の能力を有するものとして国土交通大臣がした認定を受けていることをいう。以下同じ。）を有する者の申請により、その申請者に対して、監理技術者資格者証（以下「資格者証」という。）を交付する。

２～６　（略）

（経営事項審査）

第二十七条の二十三　公共性のある施設又は工作物に関する建設工事で政令で定めるものを発注者から直接請け負おうとする建設業者は、国土交通省令で定めるところにより、その経営に関する客観的事項について審査を受けなければならない。

２　前項の審査（以下「経営事項審査」という。）は、次に掲げる事項について、数値による評価をすることにより行うものとする。

一　経営状況

二　経営規模、技術的能力その他の前号に掲げる事項以外の客観的事項

３　前項に定めるもののほか、経営事項審査の項目及び基準は、中央建設業審議会の意見を聴いて国土交通大臣が定める。

（経営状況分析）

第二十七条の二十四　前条第二項第一号に掲げる事項の分析（以下「経営状況分析」という。）については、第二十七条の三十一及び第二十七条の三十二において準用する第二十六条の六の規定により国土交通大臣の登録を受けた者（以下「登録経営状況分析機関」という。）が行うものとする。

２　経営状況分析の申請は、国土交通省令で定める事項を記載した申請書を登録経営状況分析機関に提出してしなければならない。

３　前項の申請書には、経営状況分析に必要な事実を証する書類として国土交通省令で定める書類を添付しなければならない。

４　（略）

（準用規定）

第二十七条の三十二　第二十六条の六、第二十六条の八から第二十六条の十七まで及び第二十六条の二十から第二十六条の二十二までの規定は、登録経営状況分析機関について準用する。この場合において、次の表の上欄に掲げる規定中同表の中欄に掲げる字句は、それぞれ同表の下欄に掲げる字句に読み替えるものとする。

第二十六条の六	該当する者が行う講習は、第二十六条第五項	該当する者は、第二十七条の二十四第一項
第二十六条の六第二号	第二十六条第五項の講習	第二十七条の二十四第一項
第二十六条の六第三号	第二十六条第五項の講習	経営状況分析の業務

第二十六条の八第一項、第二十六条の十六第五号並びに第二十六条の二十二第一号及び第四号	第二十六条第五項	第二十七条の二十四第一項
第二十六条の八第二項	前三条	第二十七条の三十一及び第二十七条の三十二において準用する第二十六条の六
第二十六条の九の見出し	講習の実施に係る	経営状況分析の
第二十六条の九	第二十六条の七第一項第一号及び第二号に掲げる要件並びに国土交通省令	国土交通省令
	講習を	経営状況分析を
第二十六条の十	第二十六条の七第二項第二号又は第三号	第二十七条の三十一第三項第二号又は第三号
第二十六条の十一（見出しを含む。）	講習規程	経営状況分析規程
第二十六条の十一第一項	講習に	経営状況分析の業務に
第二十六条の十一第一項、第二十六条の十二並びに第二十六条の二十二第四号及び第五号	講習の	経営状況分析の業務の
第二十六条の十一第二項及び第二十六条の十五	講習の	経営状況分析の
第二十六条の十一第二項及び第二十六条の十七	講習に	経営状況分析に
第二十六条の十三第二項	建設業者	第二十七条の三十一第二項に規定する建設業者
第二十六条の十四	講習が第二十六条の七第一項	登録経営状況分析機関が第二十七条の三十一第二項
第二十六条の十五	第二十六条の九	第二十七条の三十二において準用する第二十六条の九又は第二十七条の三十三
	同条の規定による講習	これらの規定による経営状況分析の業務
第二十六条の十六	当該登録講習実施機関の行う講習の登録	その登録
	講習の全部	経営状況分析の業務の全部
第二十六条の二十二第五号	第二十六条の十八	第二十七条の三十五

（国土交通大臣又は都道府県知事による経営状況分析の実施）

第二十七条の三十五　国土交通大臣又は都道府県知事は、第二十七条の二十四第一項の登録を受けた者がいないとき、第二十七条の三十二において準用する第二十六条の十二の規定による経営状況分析の業務の全部又は一部の休止又は廃止の届出があつたとき、第二十七条の三十二において準用する第二十六条の十六の規定により第二十七条の二十四第一項の登録を取り消し、又は登録経営状況分析機関に対し経営状況分析の業務の全部若しくは一部の停止を命じたとき、登録経営状況分析機関が天災その他の事由により経営状況分析の業務の全部又は一部を実施することが困難となつたとき、その他国土交通大臣が必要があると認めるときは、経営状況分析の業務の全部又は一部を自ら行うことができる。

2　国土交通大臣は、都道府県知事が前項の規定により経営状況分析を行うこととなる場合又は都道府県知事が同項の規定により経営状況分析を行うこととなる事由がなくなつた場合には、速やかにその旨を当該都道府県知事に通知しなければならない。

3　国土交通大臣又は都道府県知事が第一項の規定により経営状況分析の業務の全部又は一部を自ら行う場合における経営状況分析の業務の引継ぎその他の必要な事項については、国土交通省令で定める。

4　第二十七条の三十の規定は、第一項の規定により国土交通大臣が行う経営状況分析を受けようとする者について準用する。

5　都道府県知事は、第一項の規定により経営状況分析の業務の全部若しくは一部を自ら行うこととするとき、又は自ら行つていた経営状況分析の業務の全部若しくは一部を行わないこととするときは、その旨を当該都道府県の公報に公示しなければならない。

（指示及び営業の停止）

第二十八条　国土交通大臣又は都道府県知事は、その許可を受けた建設業者が次の各号のいずれかに該当する場合又はこの法律の規定（第十九条の三、第十九条の四、第二十四条の三第一項、第二十四条の四、第二十四条の五並びに第二十四条の六第三項及び第四項を除き、公共工事の入札及び契約の適正化の促進に関する法律（平成十二年法律第百二十七号。以下「入札契約適正化法」という。）第十五条第一項の規定により読み替えて適用される第二十四条の八第一項、第二項及び第四項を含む。第四項において同じ。）、入札契約適正化法第十五条第二項若しくは第三項の規定若しくは特定住宅瑕疵担保責任の履行の確保等に関する法律（平成十九年法律第六十六号。以下この条において「履行確保法」という。）第三条第六項、第四条第一項、第七条第二項、第八条第一項若しくは第二項若しくは第十条第一項の規定に違反した場合においては、当該建設業者に対して、必要な指示をすることができる。特定建設業者が第四十一条第二項又は第三項の規定による勧告に従わない場合において必要があると認めるときも、同様とする。

一　建設業者が建設工事を適切に施工しなかつたために公衆に危害を及ぼしたとき、又は危害を及ぼすおそれが大であるとき。

二　建設業者が請負契約に関し不誠実な行為をしたとき。

三　建設業者（建設業者が法人であるときは、当該法人又はその役員等）又は政令で定める使用人がその業務に関し他の法令（入札契約適正化法及び履行確保法並びにこれらに基づく命令を除く。）に違反し、建設業者として不適当であると認められるとき。

四　建設業者が第二十二条第一項若しくは第二項又は第二十六条の三第九項の規定に違反したとき。

五　第二十六条第一項又は第二項に規定する主任技術者又は監理技術者が工事の施工の管理について著しく不適当であり、かつ、その変更が公益上必要であると認められるとき。

六　建設業者が、第三条第一項の規定に違反して同項の許可を受けないで建設業を営む者と下請契約を締結したとき。

七　建設業者が、特定建設業者以外の建設業を営む者と下請代金の額が第三条第一項第二号の政令で定める金額以上となる下請契約を締結したとき。

八　建設業者が、情を知つて、第三項の規定により営業の停止を命ぜられている者又は第二十九条の四第一項の規定により営業を禁止されている者と当該停止され、又は禁止されている営業の範囲に係る下請契約を締結したとき。

九　履行確保法第三条第一項、第五条又は第七条第一項の規定に違反したとき。

2　都道府県知事は、その管轄する区域内で建設工事を施工している第三条第一項の許可を受けないで建設業を営む者が次の各号のいずれかに該当する場合においては、当該建設業を営む者に対して、必要な指示をすることができる。

一　建設工事を適切に施工しなかつたために公衆に危害を及ぼしたとき、又は危害を及ぼすおそれが大であるとき。

二　請負契約に関し著しく不誠実な行為をしたとき。

3　国土交通大臣又は都道府県知事は、その許可を受けた建設業者が第一項各号のいずれかに該当するとき若しくは同項若しくは次項の規定による指示に従わないとき又は建設業を営む者が前項各号のいずれかに該当するとき若しくは同項の規定による指示に従わないときは、その者に対し、一年以内の期間を定めて、その営業の全部又は一部の停止を命ずることができる。

4　都道府県知事は、国土交通大臣又は他の都道府県知事の許可を受けた建設業者で当該都道府県の区域内において営業を行うものが、当該都道府県の区域内における営業に関し、第一項各号のいずれかに該当する場合又はこの法律の規定、入札契約適正化法第十五条第二項若しくは第三項の規定若しくは履行確保法第三条第六項、第四条第一項、第七条第二項、第八条第一項若しくは第二項若しくは第十条第一項の規定に違反した場合においては、当該建設業者に対して、必要な指示をすることができる。

5　都道府県知事は、国土交通大臣又は他の都道府県知事の許可を受けた建設業者で当該都道府県の区域内において営業を行うものが、当該都道府県の区域内における営業に関し、第一項各号のいずれかに該当するとき又は同項若しくは前項の規定による指示に従わないときは、その者に対し、一年以内の期間を定めて、当該営業の全部又は一部の停止を命ずることができる。

6　都道府県知事は、前二項の規定による処分をしたときは、遅滞なく、その旨を、当該建設業者が国土交通大臣の許可を受けたものであるときは国土交通大臣に報告し、当該建設業者が他の都道府県知事の許可を受けたものであるときは当該他の都道府県知事に通知しなければならない。

7　国土交通大臣又は都道府県知事は、第一項第一号若しくは第三号に該当する建設業者又は第二項第一号に該当する第三条第一項の許可を受けないで建設業を営む者に対して指示をする場合において、特に必要があると認めるときは、注文者に対しても、適当な措置をとるべきことを勧告することができる。

（報告及び検査）

第三十一条　国土交通大臣は、建設業を営むすべての者に対して、都道府県知事は、当該都道府県の区域内で建設業を営む者に対して、特に必要があると認めるときは、その業務、財産若しくは工事施工の状況につき、必要な報告を徴し、又は当該職員をして営業所その他営業に関係のある場所に立ち入り、帳簿書類その他の物件を検査させることができる。

2　第二十六条の二十一第二項及び第三項の規定は、前項の規定による立入検査について準用する。

（中央建設業審議会の設置等）

第三十四条　この法律、公共工事の前払金保証事業に関する法律及び入札契約適正化法によりその権限に属させられた事項を処理するため、国土交通省に、中央建設業審議会を設置する。

2　中央建設業審議会は、建設工事の標準請負契約約款、入札の参加者の資格に関する基準、予定価格を構成する材料費及び役務費以外の諸経費に関する基準並びに建設工事の工期に関する基準を作成し、並びにその実施を勧告することができる。

（建設資材製造業者等に対する勧告及び命令等）

第四十一条の二　国土交通大臣又は都道府県知事は、その許可を受けた建設業者が第二十八条第一項第一号若しくは第三号に該当することにより当該建設業者に対して同項の規定による指示をする場合又は当該都道府県知事の管轄する区域内で建設工事を施工している第三条第一項の許可を受けないで建設業を営む者が第二十八条第二項第一号に該当することにより当該建設業を営む者に対して同項の規定による指示をする場合において、当該指示に係る違反行為が建設資材（建設工事に使用された資材をいう。以下この条において同じ。）に起因するものであると認められ、かつ、当該建設業者又は建設業を営む者に対する指示のみによつては当該違反行為の再発を防止することが困難であると認められるときは、当該建設業者又は建設業を営む者に当該建設資材を引き渡した建設資材製造業者等（建設資材の製造、加工又は輸入を業として行う者をいう。以下この条において同じ。）に対しても、当該違反行為の再発の防止を図るため適当な措置をとるべきことを勧告することができる。

2　国土交通大臣又は都道府県知事は、前項の規定による勧告を受けた建設資材製造業者等がその勧告に従わないときは、その旨を公表することができる。

3　国土交通大臣又は都道府県知事は、第一項の規定による勧告を受けた建設資材製造業者等が、正当な理由がなくてその勧告に係る措置をとらない場合において、同項の建設資材と同一又は類似の建設資材が使用されることにより建設工事の適正な施工の確保が著しく阻害されるおそれがあると認めるときは、当該建設資材製造業者等に対して、相当の期限を定めて、その勧告に係る措置をとるべきことを命ずることができる。

4　国土交通大臣又は都道府県知事は、前三項の規定の施行に必要な限度において、その許可を受けた建設業者（都道府県知事にあつては、その許可を受けた建設業者又は当該都道府県の区域内で建設業を営む者）に建設資材を引き渡した建設資材製造業者等に対して、その業務に関し報告をさせ、又はその職員に、事務所、工場、倉庫その他の場所に立ち入り、帳簿書類その他の物件を検査させることができる。

5　第二十六条の二十一第二項及び第三項の規定は、前項の規定による立入検査について準用する。

（公正取引委員会への措置請求等）

第四十二条　国土交通大臣又は都道府県知事は、その許可を受けた建設業者が第十九条の三、第十九条の四、第二十四条の三第一項、第二十四条の四、第二十四条の五又は第二十四条の六第三項若しくは第四項の規定に違反している事実があり、その事実が私的独占の禁止及び公正取引の確保に関する法律第十九条の規定に違反していると認めるときは、公正取引委員会に対し、同法の規定に従い適当な措置をとるべきことを求めることができる。

2　（略）

第四十二条の二　中小企業庁長官は、中小企業者である下請負人の利益を保護するため特に必要があると認めるときは、元請負人若しくは下請負人に対しその取引に関する報告をさせ、又はその職員に元請負人若しくは下請負人の営業所その他営業に関係のある場所に立ち入り、帳簿書類その他の物件を検査させることができる。
2　第二十六条の二十一第二項及び第三項の規定は、前項の規定による立入検査について準用する。
3　中小企業庁長官は、第一項の規定による報告又は検査の結果中小企業者である下請負人と下請契約を締結した元請負人が第十九条の三、第十九条の四、第二十四条の三第一項、第二十四条の四、第二十四条の五又は第二十四条の六第三項若しくは第四項の規定に違反している事実があり、その事実が私的独占の禁止及び公正取引の確保に関する法律第十九条の規定に違反していると認めるときは、公正取引委員会に対し、同法の規定に従い適当な措置をとるべきことを求めることができる。
4　（略）

第四十七条　次の各号のいずれかに該当する者は、三年以下の懲役又は三百万円以下の罰金に処する。
一　第三条第一項の規定に違反して許可を受けないで建設業を営んだ者
二　第十六条の規定に違反して下請契約を締結した者
三　第二十八条第三項又は第五項の規定による営業停止の処分に違反して建設業を営んだ者
四　第二十九条の四第一項の規定による営業の禁止の処分に違反して建設業を営んだ者
五　虚偽又は不正の事実に基づいて第三条第一項の許可（同条第三項の許可の更新を含む。）又は第十七条の二第一項から第三項まで若しくは第十七条の三第一項の認可を受けた者
2　（略）

第四十九条　第二十六条の十六（第二十七条の三十二において準用する場合を含む。）又は第二十七条の十四第二項（第二十七条の十九第五項において準用する場合を含む。）の規定による講習、試験事務、交付等事務又は経営状況分析の停止の命令に違反したときは、その違反行為をした登録講習実施機関（その者が法人である場合にあつては、その役員）若しくはその職員、指定試験機関若しくは指定資格者証交付機関の役員若しくは職員又は登録経営状況分析機関（その者が法人である場合にあつては、その役員）若しくはその職員（第五十一条において「登録講習実施機関等の役職員」という。）は、一年以下の懲役又は百万円以下の罰金に処する。

第五十条　次の各号のいずれかに該当する者は、六月以下の懲役又は百万円以下の罰金に処する。
一　第五条（第十七条において準用する場合を含む。）の規定による許可申請書又は第六条第一項（第十七条において準用する場合を含む。）の規定による書類に虚偽の記載をしてこれを提出した者
二　第十一条第一項から第四項まで（第十七条において準用する場合を含む。）の規定による書類を提出せず、又は虚偽の記載をしてこれを提

出した者

三　第十一条第五項（第十七条において準用する場合を含む。）の規定による届出をしなかつた者

四　第二十七条の二十四第二項若しくは第二十七条の二十六第二項の申請書又は第二十七条の二十四第三項若しくは第二十七条の二十六第三項の書類に虚偽の記載をしてこれを提出した者

2　（略）

第五十一条　次の各号のいずれかに該当するときは、その違反行為をした登録講習実施機関等の役職員は、五十万円以下の罰金に処する。

一　第二十六条の十二（第二十七条の三十二において準用する場合を含む。）の規定による届出をしないで講習若しくは経営状況分析の業務の全部を廃止し、又は第二十七条の十三第一項（第二十七条の十九第五項において準用する場合を含む。）の規定による許可を受けないで試験事務若しくは交付等事務の全部を廃止したとき。

二　第二十六条の十七（第二十七条の三十二において準用する場合を含む。）又は第二十七条の十の規定に違反して帳簿を備えず、帳簿に記載せず、若しくは帳簿に虚偽の記載をし、又は帳簿を保存しなかつたとき。

三　第二十六条の二十（第二十七条の三十二において準用する場合を含む。）若しくは第二十七条の十二第一項（第二十七条の十九第五項において準用する場合を含む。以下この号において同じ。）の規定による報告を求められて、報告をせず、若しくは虚偽の報告をし、又は第二十六条の二十一（第二十七条の三十二において準用する場合を含む。）若しくは第二十七条の十二第一項の規定による検査を拒み、妨げ、若しくは忌避したとき。

第五十四条　第二十六条の十三第一項（第二十七条の三十二において準用する場合を含む。）の規定に違反して財務諸表等を備えて置かず、財務諸表等に記載すべき事項を記載せず、若しくは虚偽の記載をし、又は正当な理由がないのに第二十六条の十三第二項各号（第二十七条の三十二において準用する場合を含む。）の規定による請求を拒んだ者は、二十万円以下の過料に処する。

別表第二（第二十六条の七関係）

一　土木工学（農業土木、鉱山土木、森林土木、砂防、治山、緑地又は造園に関するものを含む。）に関する学科

二　都市工学に関する学科

三　衛生工学に関する学科

四　交通工学に関する学科

五　建築学に関する学科

六　電気工学に関する学科

七　電気通信工学に関する学科

八　機械工学に関する学科

九　林学に関する学科
十　鉱山学に関する学科

○　公共工事の入札及び契約の適正化の促進に関する法律（平成十二年法律第百二十七号）（抄）

目次

（国土交通大臣又は都道府県知事への通知）
第十一条　各省各庁の長等は、それぞれ国等が発注する公共工事の入札及び契約に関し、当該公共工事の受注者である建設業者（建設業法第二条第三項に規定する建設業者をいう。次条において同じ。）に次の各号のいずれかに該当すると疑うに足りる事実があるときは、当該建設業者が建設業の許可を受けた国土交通大臣又は都道府県知事及び当該事実に係る営業が行われる区域を管轄する都道府県知事に対し、その事実を通知しなければならない。
一　建設業法第八条第九号、第十一号（同条第九号に係る部分に限る。）、第十二号（同条第九号に係る部分に限る。）、第十三号（同条第九号に係る部分に限る。）若しくは第十四号（これらの規定を同法第十七条において準用する場合を含む。）又は第二十八条第一項第三号、第四号（同法第二十二条第一項に係る部分に限る。）若しくは第六号から第八号までのいずれかに該当すること。
二　第十五条第二項若しくは第三項、同条第一項の規定により読み替えて適用される建設業法第二十四条の八第一項、第二項若しくは第四項又は同法第十九条の五、第二十六条第一項から第三項まで、第二十六条の二若しくは第二十六条の三第七項の規定に違反したこと。

（入札金額の内訳の提出）
第十二条　建設業者は、公共工事の入札に係る申込みの際に、入札金額の内訳を記載した書類を提出しなければならない。

（各省各庁の長等の責務）

第十三条　各省各庁の長等は、その請負代金の額によっては公共工事の適正な施工が通常見込まれない契約の締結を防止し、及び不正行為を排除するため、前条の規定により提出された書類の内容の確認その他の必要な措置を講じなければならない。

（施工体制台帳の作成及び提出等）

第十五条　公共工事についての建設業法第二十四条の八第一項、第二項及び第四項の規定の適用については、これらの規定中「特定建設業者」とあるのは「建設業者」と、同条第一項中「締結した下請契約の請負代金の額（当該下請契約が二以上あるときは、それらの請負代金の額の総額）が政令で定める金額以上になる」とあるのは「下請契約を締結した」と、同条第四項中「見やすい場所」とあるのは「工事関係者が見やすい場所及び公衆が見やすい場所」とする。

2　公共工事の受注者（前項の規定により読み替えて適用される建設業法第二十四条の八第一項の規定により同項に規定する施工体制台帳（以下単に「施工体制台帳」という。）を作成しなければならないこととされているものに限る。）は、作成した施工体制台帳（同項の規定により記載すべきものとされた事項に変更が生じたことに伴い新たに作成されたものを含む。）の写しを発注者に提出しなければならない。この場合においては、同条第三項の規定は、適用しない。

3　前項の公共工事の受注者は、発注者から、公共工事の施工の技術上の管理をつかさどる者（次条において「施工技術者」という。）の設置の状況その他の工事現場の施工体制が施工体制台帳の記載に合致しているかどうかの点検を求められたときは、これを受けることを拒んではならない。

（各省各庁の長等の責務）

第十六条　公共工事を発注した国等に係る各省各庁の長等は、施工技術者の設置の状況その他の工事現場の施工体制を適正なものとするため、当該工事現場の施工体制が施工体制台帳の記載に合致しているかどうかの点検その他の必要な措置を講じなければならない。

（適正化指針の策定等）

第十七条　国は、各省各庁の長等による公共工事の入札及び契約の適正化を図るための措置（第二章、第三章、第十三条及び前条に規定するものを除く。）に関する指針（以下「適正化指針」という。）を定めなければならない。

2　適正化指針には、第三条各号に掲げるところに従って、次に掲げる事項を定めるものとする。

一　入札及び契約の過程並びに契約の内容に関する情報（各省各庁の長又は特殊法人等の代表者による措置にあっては第四条及び第五条、地方公共団体の長による措置にあっては第七条及び第八条に規定するものを除く。）の公表に関すること。

二　入札及び契約の過程並びに契約の内容について学識経験を有する者等の第三者の意見を適切に反映する方策に関すること。

三　入札及び契約の過程に関する苦情を適切に処理する方策に関すること。

四　公正な競争を促進し、及びその請負代金の額によっては公共工事の適正な施工が通常見込まれない契約の締結を防止するための入札及び契約の方法の改善に関すること。

五　公共工事の施工に必要な工期の確保及び地域における公共工事の施工の時期の平準化を図るための方策に関すること。
六　将来におけるより適切な入札及び契約のための公共工事の施工状況の評価の方策に関すること。
七　前各号に掲げるもののほか、入札及び契約の適正化を図るため必要な措置に関すること。
3　適正化指針の策定に当たっては、特殊法人等及び地方公共団体の自主性に配慮しなければならない。
4　国土交通大臣、総務大臣及び財務大臣は、あらかじめ各省各庁の長及び特殊法人等を所管する大臣に協議した上、適正化指針の案を作成し、閣議の決定を求めなければならない。
5　国土交通大臣は、適正化指針の案の作成に先立って、中央建設業審議会の意見を聴かなければならない。
6　国土交通大臣、総務大臣及び財務大臣は、第四項の規定による閣議の決定があったときは、遅滞なく、適正化指針を公表しなければならない。
7　第三項から前項までの規定は、適正化指針の変更について準用する。

（適正化指針に基づく責務）
第十八条　各省各庁の長等は、適正化指針に定めるところに従い、公共工事の入札及び契約の適正化を図るため必要な措置を講ずるよう努めなければならない。

（措置の状況の公表）
第十九条　国土交通大臣及び財務大臣は、各省各庁の長又は特殊法人等を所管する大臣に対し、当該各省各庁の長又は当該大臣が所管する特殊法人等が適正化指針に従って講じた措置の状況について報告を求めることができる。
2　国土交通大臣及び総務大臣は、地方公共団体に対し、適正化指針に従って講じた措置の状況について報告を求めることができる。
3　国土交通大臣、総務大臣及び財務大臣は、毎年度、前二項の報告を取りまとめ、その概要を公表するものとする。

（要請）
第二十条　国土交通大臣及び財務大臣は、各省各庁の長又は特殊法人等を所管する大臣に対し、公共工事の入札及び契約の適正化を促進するため適正化指針に照らして特に必要があると認められる措置を講ずべきことを要請することができる。
2　国土交通大臣及び総務大臣は、地方公共団体に対し、公共工事の入札及び契約の適正化を促進するため適正化指針に照らして特に必要があると認められる措置を講ずべきことを要請することができる。

（国による情報の収集、整理及び提供）
第二十一条　国土交通大臣、総務大臣及び財務大臣は、第二章の規定により公表された情報その他その普及が公共工事の入札及び契約の適正化の促進に資することとなる情報の収集、整理及び提供に努めなければならない。

（関係法令等に関する知識の習得等）

第二十二条　国、特殊法人等及び地方公共団体は、それぞれその職員に対し、公共工事の入札及び契約が適正に行われるよう、関係法令及び所管分野における公共工事の施工技術に関する知識を習得させるための教育及び研修その他必要な措置を講ずるよう努めなければならない。

2　国土交通大臣及び都道府県知事は、建設業を営む者に対し、公共工事の入札及び契約が適正に行われるよう、関係法令に関する知識の普及その他必要な措置を講ずるよう努めなければならない。

○　物価統制令（昭和二十一年勅令第百十八号）（抄）

第二条　本令ニ於テ価格等トハ価格、運送賃、保管料、保険料、賃貸料、加工賃、修繕料其ノ他給付ノ対価タル財産的給付ヲ謂フ

建設業法及び公共工事の入札及び契約の適正化の促進に関する法律の一部を改正する法律の一部の施行期日を定める政令案要綱

建設業法及び公共工事の入札及び契約の適正化の促進に関する法律の一部を改正する法律（令和六年法律第四十九号）附則第一条第三号に掲げる規定の施行期日は、令和六年十二月十三日とすること。

政令第　　号

建設業法及び公共工事の入札及び契約の適正化の促進に関する法律の一部を改正する法律の一部の施行期日を定める政令

内閣は、建設業法及び公共工事の入札及び契約の適正化の促進に関する法律の一部を改正する法律（令和六年法律第四十九号）附則第一条第三号の規定に基づき、この政令を制定する。

建設業法及び公共工事の入札及び契約の適正化の促進に関する法律の一部を改正する法律附則第一条第三号に掲げる規定の施行期日は、令和六年十二月十三日とする。

理　由

建設業法及び公共工事の入札及び契約の適正化の促進に関する法律の一部を改正する法律の一部の施行期日を定める必要があるからである。

建設業法及び公共工事の入札及び契約の適正化の促進に関する法律の一部を改正する法律の一部の施行期日を定める政令案　参照条文　目次

○建設業法及び公共工事の入札及び契約の適正化の促進に関する法律の一部を改正する法律（令和六年六月十四日法律第四十九号）（抄）

（建設業法の一部改正）

第一条　建設業法（昭和二十四年法律第百号）の一部を次のように改正する。

（略）

第五条第五号中「第七条第二号イ、ロ又はハに該当する者」を「第七条第二号に規定する営業所技術者」に改める。

第七条第二号中「ごとに」の下に「、営業所技術者（建設工事の請負契約の締結及び履行の業務に関する技術上の管理をつかさどる者であつて」を加え、「で専任のものを」を「をいう。第十一条第四項及び第二十六条の五において同じ。）を専任の者として」に改め、同号イ中「第二十六条の七第一項第二号ロ」を「第二十六条の八第一項第二号ロ」に改める。

第十一条第四項中「第七条第二号イ、ロ又はハに該当する者として証明された者」を「営業所技術者」に、「同号ハ」を「第七条第二号ハ」に改める。

第十五条第二号中「次の」を「、特定営業所技術者（建設工事の請負契約の締結及び履行の業務に関する技術上の管理をつかさどる者であつて、次の」に、「で専任のものを」を「をいう。第二十六条の五において同じ。）を専任の者として」に改める。

第十七条中「第五条第五号中「第七条第二号イ、ロ又はハ」を「第十五条第二号イ、ロ又はハ」を「第五条第五号中「第七条第二号に規定する営業所技術者」に、「第十五条第二号に規定する特定営業所技術者」に、「第七条第一号及び」を「次条第一号及び」に、「第十一条第四項中「第七条第二号イ、ロ又はハ」を「第十一条第四項中「営業所技術者」に、「同号ハ」を「第七条第二号ハ」に改める。

第十九条第一項第八号中「若しくは変更に基づく請負代金の額又は工事内容の変更」を「又は変更に基づく工事内容の変更又は請負代金の額の変更及びその額の算定方法に関する定め」に改める。

（略）

第二十条の二の見出し中「提供」を「通知等」に改め、同条中「までに」の下に「、国土交通省令で定めるところにより」を加え、「その旨及び」を「その旨を」に、「を提供しなければ」を「と併せて通知しなければ」に改め、同条に次の三項を加える。

2　建設業者は、その請け負う建設工事について、主要な資材の供給の著しい減少、資材の価格の高騰その他の工期又は請負代金の額に影響を及ぼすものとして国土交通省令で定める事象が発生するおそれがあると認めるときは、請負契約を締結するまでに、国土交通省令で定めるところにより、注文者に対して、その旨を当該事象の状況の把握のため必要な情報と併せて通知しなければならない。

3　前項の規定による通知をした建設業者は、同項の請負契約の締結後、当該通知に係る同項に規定する事象が発生した場合には、注文者に対して、第十九条第一項第七号又は第八号の定めに従つた工期の変更、工事内容の変更又は請負代金の額の変更についての協議を申し出ることができる。

4　前項の協議の申出を受けた注文者は、当該申出が根拠を欠く場合その他正当な理由がある場合を除き、誠実に当該協議に応ずるよう努めなければならない。

（略）

第二十五条の二十七第三項中「前二項の施工技術の確保並びに知識及び技術又は技能の向上」を「前三項の規定による取組」に改め、同項を同条第四項とし、同条第二項を同条第三項とし、同条第一項の次に次の一項を加える。

2　建設業者は、その労働者が有する知識、技能その他の能力についての公正な評価に基づく適正な賃金の支払その他の労働者の適切な処遇を確保するための措置を効果的に実施するよう努めなければならない。

第二十五条の二十七の次に次の一条を加える。

（建設工事の適正な施工の確保のために必要な措置）

第二十五条の二十八　特定建設業者は、工事の施工の管理に関する情報システムの整備その他の建設工事の適正な施工を確保するために必要な情報通信技術の活用に関し必要な措置を講ずるよう努めなければならない。

2　発注者から直接建設工事を請け負つた特定建設業者は、当該建設工事の下請負人が、その下請負に係る建設工事の施工に関し、当該特定建設業者が講ずる前項に規定する措置の実施のために必要な措置を講ずることができることとなるよう、当該下請負人の指導に努めるものとする。

3　国土交通大臣は、前二項に規定する措置に関して、その適切かつ有効な実施を図るための指針となるべき事項を定め、これを公表するものとする。

第二十六条第三項ただし書を次のように改める。

ただし、次に掲げる主任技術者又は監理技術者については、この限りでない。

一　当該建設工事が次のイからハまでに掲げる要件のいずれにも該当する場合における主任技術者又は監理技術者

イ　当該建設工事の請負代金の額が政令で定める金額未満となるものであること。

ロ　当該建設工事の工事現場間の移動時間又は連絡方法その他の当該工事現場の施工体制の確保のために必要な事項に関し国土交通省令で定める要件に適合するものであること。

ハ　主任技術者又は監理技術者が当該建設工事の工事現場の状況の確認その他の当該工事現場に係る第二十六条の四第一項に規定する職務を情報通信技術を利用する方法により行うため必要な措置として国土交通省令で定めるものが講じられるものであること。

二　当該建設工事の工事現場に、当該監理技術者の行うべき第二十六条の四第一項に規定する職務を補佐する者として、当該建設工事に関し第十五条第二号イ、ロ又はハに該当する者に準ずる者として政令で定める者を専任で置く場合における監理技術者

第二十六条第四項中「、同項ただし書」を「、同項各号の建設工事」に、「特例監理技術者（同項ただし書の規定の適用を受ける監理技術者をいう。次項において同じ。）がその行うべき」を「主任技術者又は監理技術者が」に、「実施」を「遂行」に改め、同条第五項中「特例監理技術者を含む」を「同項各号に規定する監理技術者を含む。次項において同じ」に、「第二十六条の五から第二十六条の七まで」を「第二十六条の六から第二十六条の八まで」に改める。

第二十六条の二十二第二号中「第二十六条の十」を「第二十六条の十一」に改め、同条第三号中「第二十六条の十二」を「第二十六条の十三」に改め、同条第四号中「第二十六条の十六」を「第二十六条の十七」に改め、同条第五号中「第二十六条の十八」を「第二十六条の十九」に改め、同条を第二十六条の二十三とする。

第二十六条の二十一第一項中「この法律の施行」を「講習の業務の適正な実施を確保するため」に、「業務」を「その業務」に改め、同条を第二十六条の二十二とする。

第二十六条の二十中「この法律の施行」を「講習の業務の適正な実施を確保するため」に改め、同条を第二十六条の二十一とし、第二十六条の十九を第二十六条の二十とする。

第二十六条の十八第一項中「第二十六条の十二」を「第二十六条の十三」に、「第二十六条の十六」を「第二十六条の十七」に改め、同条を第二十六条の十九とし、第二十六条の十七を第二十六条の十八とする。

第二十六条の十六第一号中「第二十六条の六第一号」を「第二十六条の七第一号」に改め、同条第二号中「第二十六条の十から第二十六条の十二まで、第二十六条の十三第一項」を「第二十六条の十一から第二十六条の十三まで、第二十六条の十四第一項」に改め、同条第三号中「第二十六条の十三第二項各号の規定による」を「第二十六条の十四第二項各号の」に改め、同条を第二十六条の十七とする。

第二十六条の十五中「第二十六条の九」を「第二十六条の十」に改め、同条を第二十六条の十六とする。

第二十六条の十四中「第二十六条の七第一項」を「第二十六条の八第一項」に改め、同条を第二十六条の十五とする。

第二十六条の十三第二項第四号中「電磁的方法」を「電子情報処理組織を使用する方法その他の情報通信の技術を利用する方法」に改め、同条を第二十六条の十四とする。

第二十六条の十二中「廃止しようとする」を「廃止する」に改め、同条を第二十六条の十三とし、第二十六条の十一を第二十六条の十二とする。

第二十六条の十中「第二十六条の七第二項第二号」を「第二十六条の八第二項第二号」に改め、同条を第二十六条の十一とする。

第二十六条の九中「第二十六条の七第一項第一号」を「第二十六条の八第一項第一号」に改め、同条を第二十六条の十とし、第二十六条の八を第二十六条の九とする。

第二十六条の七第一項中「第二十六条の五」を「第二十六条の六」に改め、同条第二項第二号中「単に」を削り、同条を第二十六条の八とする。

第二十六条の六第二号中「第二十六条の十六」を「第二十六条の十七」に改め、同条を第二十六条の七とし、第二十六条の五を第二十六条の六とする。

第二十六条の四の次に次の一条を加える。

（営業所技術者等に関する主任技術者又は監理技術者の職務の特例）

第二十六条の五　建設業者は、第二十六条第三項本文に規定する建設工事が次の各号に掲げる要件のいずれにも該当する場合には、第七条（第二号に係る部分に限る。）又は第十五条（第二号に係る部分に限る。）及び同項本文の規定にかかわらず、その営業所の営業所技術者又は特定営業所技術者について、営業所技術者にあつては第二十六条第一項の規定により当該工事現場に置かなければならない主任技術者の職務を、特定営業所技術者にあつては当該主任技術者又は同条第二項の規定により当該工事現場に置かなければならない監理技術者の職務を兼ねて行わせることができる。

一　当該営業所において締結した請負契約に係る建設工事であること。

二　当該建設工事の請負代金の額が政令で定める金額未満となるものであること。

三　当該営業所と当該建設工事の工事現場との間の移動時間又は連絡方法その他の当該営業所の業務体制及び当該工事現場の施工体制の確保のために必要な事項に関し国土交通省令で定める要件に適合するものであること。

四　営業所技術者又は特定営業所技術者が当該営業所及び当該建設工事の工事現場の状況の確認その他の当該営業所における建設工事の請負契約の締結及び履行の業務に関する技術上の管理に係る職務並びに当該工事現場に係る前条第一項に規定する職務（次項において「営業所職務等」という。）を情報通信技術を利用する方法により行うため必要な措置として国土交通省令で定めるものが講じられるものであること。

２　前項の規定は、同項の工事現場の数が、営業所技術者又は特定営業所技術者が当該工事現場に係る主任技術者又は監理技術者の職務を兼ねて行つたとしても営業所職務等の適切な遂行に支障を生ずるおそれがないものとして政令で定める数を超えるときは、適用しない。

３　第一項の規定により監理技術者の職務を兼ねて行う特定営業所技術者は、第二十七条の十八第一項の規定による監理技術者資格者証の交付を受けている者であつて、第二十六条第五項の講習を受講したものでなければならない。

４　前項の特定営業所技術者は、発注者から請求があつたときは、監理技術者資格者証を提示しなければならない。

第二十七条の十二の見出しを「（報告徴収及び立入検査）」に改め、同条第一項中「必要があると認めるときは」を「に必要な限度において」に、「対して、」を「対して」に改め、同条第二項中「第二十六条の二十一第二項」を「第二十六条の二十二第二項」に改める。

第二十七条の二十四第一項中「第二十七条の三十一」の下に「の規定」を加え、「第二十六条の六」を「第二十六条の七」に改める。

第二十七条の三十二中「第二十六条の六、第二十六条の八から第二十六条の十七まで及び第二十六条の二十から第二十六条の二十二まで」を「第二十六条の七、第二十六条の九から第二十六条の十八まで及び第二十六条の二十一から第二十六条の二十三まで」に改め、同条の表第二十六条の六の項中「第二十六条の六」を「第二十六条の七」に改め、同表第二十六条の六第二号の項中「第二十六条の六第二号」を「第二十六条の七第二号」に改め、同表第二十六条の六第三号の項中「第二十六条の六第三号」を「第二十六条の七第三号」に改め、同表第二十六条の八第一項、第二十六条の十六第五号並びに第二十六条の二十二第一号及び第四号の項中「第二十六条の八第一項、第二十六条の十六第五号並びに第二十六条の二十二第一号」を「第二十六条の九第一項、第二十六条の十七第五号並びに第二十六条の二十三第一号」に改め、同表第二十六条の八第二項の項中「第二十六条の八第二項」を「第二十六条の九第二項」に、「第二十六条の六」を「第二十六条の七」に改め、同表第二十六条の九の見出しの項中「第二十六条の九」を「第二十六条の十」に改め、同表第二十六条の九の項中「第二十六条の九」を「第二十六条の十」に、「第二十六条の七第一項第一号」を「第二十六条の八第一項第一号」に改め、同表第二十六条の十の項中「第二十六条の十」を「第二十六条の十一」に、「第二十六条の七第二項第二号」を「第二十六条の八第二項第二号」に改め、同表第二十六条の十一（見出しを含む。）の項中「第二十六条の十一」を「第二十六条の十二」に改め、同表第二十六条の十一第一項の項中「第二十六条の十一第一項」を「第二十六条の十二第一項」に改め、同表第二十六条の十一第一項、第二十六条の十二並びに第二十六条の二十二第四号及び第五号の項中「第二十六条の十一第一項、第二十六条の十二並びに第二十六条の二十二第四号」を「第二十六条の十二第一項、第二十六条の十三並びに第二十六条の二十三第四号」に改め、同表第二十六条の十一第二項及び第二十六条の十五の項中「第二十六条の十一第二項及び第二十六条の十五」を「第二十六条の十二第二項、第二十六条の十六、第二十六条の二十一及び第二十六条の二十二第一項」に改め、同表第二十六条の十一第二項及び第二十六条の十七の項中「

第二十六条の十一第二項及び第二十六条の十七」を「第二十六条の十二第二項及び第二十六条の十八」に改め、同表第二十六条の十三第二項の項中「第二十六条の十三第二項」を「第二十六条の十四第二項」に改め、同表第二十六条の十四の項中「第二十六条の十四」を「第二十六条の十五」に、「第二十六条の七第一項」を「第二十六条の八第一項」に改め、同表第二十六条の十五の項中「第二十六条の十五」を「第二十六条の十六」に、「第二十六条の九」を「第二十六条の十」に改め、同表第二十六条の十六の項中「第二十六条の十六」を「第二十六条の十七」に改め、同表第二十六条の二十二第五号の項中「第二十六条の二十二第五号」を「第二十六条の二十三第五号」に、「第二十六条の十八」を「第二十六条の十九」に改める。

第二十七条の三十五第一項中「第二十六条の十二」を「第二十六条の十三」に、「第二十六条の十六」を「第二十六条の十七」に改める。

（略）

第三十一条の見出しを「（報告徴収及び立入検査）」に改め、同条第一項中「すべて」を「全て」に、「特に必要があると認めるときは」を「この法律の施行に必要な限度において」に、「につき、」を「に関し」に、「徴し」を「求め」に、「をして」を「に、」に改め、同条第二項中「第二十六条の二十一第二項」を「第二十六条の二十二第二項」に改める。

（略）

第四十条の三の次に次の一条を加える。

（国土交通大臣による調査等）

第四十条の四　国土交通大臣は、請負契約の適正化及び建設工事に従事する者の適正な処遇の確保を図るため、建設業者に対して、建設工事の請負契約の締結の状況、第二十条の二第二項から第四項までの規定による通知又は協議の状況、第二十五条の二十七第二項に規定する措置の実施の状況その他の国土交通省令で定める事項につき、必要な調査を行い、その結果を公表するものとする。

２　国土交通大臣は、中央建設業審議会に対し、第三十四条第二項に規定する基準の作成に資するよう、前項の調査の結果を報告するものとする。この場合において、国土交通大臣は、中央建設業審議会の求めがあつたときは、その内容について説明をしなければならない。

第四十一条の二第五項中「第二十六条の二十一第二項」を「第二十六条の二十二第二項」に改める。

（略）

第四十七条第一項中「者は」を「ときは、その違反行為をした者は」に改め、同項各号中「者」を「とき。」に改める。

第四十九条中「第二十六条の十六」を「第二十六条の十七」に改める。

第五十条第一項中「者は」を「ときは、その違反行為をした者は」に改め、同項各号中「者」を「とき。」に改める。

第五十一条第一号中「第二十六条の十二」を「第二十六条の十三」に改め、同条第二号中「第二十六条の十七」を「第二十六条の十八」に改め、同条第三号中「第二十六条の二十（」を「第二十六条の二十一（」に、「第二十六条の二十一」を「第二十六条の二十二」に改める。

第五十四条中「第二十六条の十三第一項」を「第二十六条の十四第一項」に、「第二十六条の十三第二項各号」を「第二十六条の十四第二項各号」に改める。

別表第二中「第二十六条の七」を「第二十六条の八」に改める。

（公共工事の入札及び契約の適正化の促進に関する法律の一部改正）

第二条　公共工事の入札及び契約の適正化の促進に関する法律（平成十二年法律第百二十七号）の一部を次のように改正する。

目次中「第十六条」を「第十七条」に、「第十七条―第二十条」を「第十八条―第二十一条」に、「第二十一条・第二十二条」を「第二十二条・第二十三条」に改める。

（略）

第十三条に次の一項を加える。
2　各省各庁の長等は、公共工事について、主要な資材の供給の著しい減少、資材の価格の高騰その他の工期又は請負代金の額に影響を及ぼすものとして国土交通省令で定める事象が発生した場合において、公共工事の受注者が請負契約の内容の変更について協議を申し出たときは、誠実に当該協議に応じなければならない。
第十五条第二項中「単に」を削り、「）は」の下に「、当該公共工事に関する工事現場の施工体制を発注者が情報通信技術を利用する方法により確認することができる措置として国土交通省令で定めるものを講じている場合を除き」を加え、同条第三項中「次条」を「第十七条第一項」に改める。

第二十二条を第二十三条とし、第二十一条を第二十二条とし、第六章中第二十条を第二十一条とし、第十七条から第十九条までを一条ずつ繰り下げる。

第十六条に次の一項を加える。
2　前項に規定するもののほか、同項の各省各庁の長等は、前条の規定により読み替えて適用する建設業法第二十五条の二十八第一項及び第二項に規定する措置が適確に講じられるよう、これらの規定に規定する建設業者に対し、必要な助言、指導その他の援助を行うよう努めなければならない。
第五章中第十六条を第十七条とし、第十五条の次に次の一条を加える。

（公共工事の適正な施工の確保のために必要な措置）

第十六条　公共工事についての建設業法第二十五条の二十八の規定の適用については、同条第一項及び第二項中「特定建設業者」とあるのは、「建設業者」とする。

附　則

（施行期日）

第一条　この法律は、公布の日から起算して一年六月を超えない範囲内において政令で定める日から施行する。ただし、次の各号に掲げる規定は、当該各号に定める日から施行する。

（略）
三　第一条（建設業法第十九条の三に一項を加える改正規定、同法第十九条の五に一項を加える改正規定、同法第十九条の六の改正規定、同法第二十条の改正規定、同法第二十四条の五の改正規定、同法第二十八条第一項の改正規定、同法第三十四条の改正規定、同法第四十条の三の次に一条を加える改正規定、同法第四十二条第一項の改正規定及び同法第四十二条の二第三項の改正規定（「第十九条の三第一項」に改める部分に限る。）を除く。）及び第二条（公共工事の入札及び契約の適正化の促進に関する法律第十一条第二号の改正規定及び同法第十二条の改正規定を除く。）の規定並びに次条第二項及び附則第三条の規定　公布の日から起算して六月を超えない範囲内において政令で定める日

（略）

（建設業法の一部改正に伴う経過措置）

第二条　前条第二号に掲げる規定の施行の日から同条第三号に掲げる規定の施行の日（次項及び次条において「第三号施行日」という。）の前日までの間における第一条のうち建設業法第四十条の三の次に一条を加える改正規定による改正後の同法第四十条の四第一項の規定の適用については、同項中「建設工事の請負契約の締結の状況、第二十条の二第二項から第四項までの規定による通知又は協議の状況、第二十五条の二十七第二項に規定する措置の実施の状況」とあるのは、「建設工事の請負契約の締結の状況」とする。

2　第一条のうち建設業法第十九条第一項第八号の改正規定による改正後の同法第十九条第一項（第八号に係る部分に限る。）の規定は、第三号施行日以後に締結される建設工事の請負契約に係る書面に記載する内容について適用し、第三号施行日前に締結された建設工事の請負契約に係る書面に記載された内容については、なお従前の例による。

（略）

（罰則に関する経過措置）

第三条　第三号施行日前にした行為に対する罰則の適用については、なお従前の例による。

（略）

建設業法施行令及び国立大学法人法施行令の一部を改正する政令案要綱

第一　建設業法施行令の一部改正

一　特定建設業の許可を受けなければならない下請契約の請負代金の額の下限を、五千万円（建築工事業にあっては、八千万円）に引き上げるものとすること。（第二条関係）

二　特定建設業者が施工体制台帳を作成しなければならない下請契約の請負代金の額の下限を、五千万円（建築一式工事にあっては、八千万円）に引き上げるものとすること。（第七条の四関係）

三　工事現場ごとに主任技術者又は監理技術者（以下「監理技術者等」という。）を専任で置かなければならない建設工事の請負代金の額の下限を、四千五百万円（建築一式工事にあっては、九千万円）に引き上げるものとすること。（第二十七条第一項関係）

四　情報通信技術の利用などの要件を満たした場合において、工事現場における監理技術者等の専任を要しないこととできる建設工事の請負代金の額の上限を、一億円（建築一式工事にあっては、二億円）とするものとすること。（第二十八条関係）

五　特定専門工事の要件の一つである下請契約の請負代金の額の上限を、四千五百万円に引き上げるものとすること。

（第三十一条第二項関係）

六　情報通信技術の利用などの要件を満たした場合における営業所技術者又は特定営業所技術者が監理技術者等の職務を兼ねて行うことができる建設工事の請負代金の額の上限を、一億円（建築一式工事にあっては、二億円）とし、兼ねることができる工事現場の数の上限を一とするものとすること。

（第三十三条及び第三十四条関係）

七　技術検定に関する受検手数料の額を改定するものとすること。

（第四十二条第一項関係）

八　その他所要の改正を行うものとすること。

第二　国立大学法人法施行令の一部改正

所要の改正を行うものとすること。

（第二十六条第二項関係）

第三　附則

この政令は、一部の規定を除き、建設業法及び公共工事の入札及び契約の適正化の促進に関する法律の一部を改正する法律の一部の施行の日（令和六年十二月十三日）から施行するものとすること。

（附則関係）

政令第　　号

建設業法施行令及び国立大学法人法施行令の一部を改正する政令

内閣は、建設業法及び公共工事の入札及び契約の適正化の促進に関する法律の一部を改正する法律（令和六年法律第四十九号）の一部の施行に伴い、並びに建設業法（昭和二十四年法律第百号）第三条第一項第二号、第二十四条の八第一項、第二十六条第三項、第二十六条の三第二項、第二十六条の五第一項第二号及び第二項、第二十七条の十六第一項並びに第四十四条の二並びに国立大学法人法（平成十五年法律第百十二号）第三十七条第二項の規定に基づき、この政令を制定する。

（建設業法施行令の一部改正）

第一条　建設業法施行令（昭和三十一年政令第二百七十三号）の一部を次のように改正する。

第二条中「四千五百万円」を「五千万円」に改め、同条ただし書中「七千万円」を「八千万円」に改める。

第七条の四中「四千五百万円」を「五千万円」に改め、同条ただし書中「七千万円」を「八千万円」に改める。

第二十七条第一項中「四千万円」を「四千五百万円」に、「八千万円」を「九千万円」に改める。

第五十一条を第五十四条とし、第四十六条から第五十条までを三条ずつ繰り下げる。

第四十五条中「第三十四条第一項に規定するもの」を「によりその権限に属させられた事項」に、「基づき」を「より」に改め、同条を第四十八条とし、第四十四条を第四十七条とし、第四十条から第四十三条までを三条ずつ繰り下げる。

第三十九条第一項ただし書中「第三十六条」を「第三十九条」に改め、同項の表建設機械施工管理の項中「一万四千七百円」を「一万九千七百円」に、「三万八千七百円」を「五万七千三百円」に、「二万七千百円」を「四万八百円」に改め、同表土木施工管理の項中「一万五百円」を「一万二千円」に、「五千二百五十円」を「六千円」に改め、同表建築施工管理の項中「一万八百円」を「一万二千三百円」に、「五千四百円」を「六千百五十円」に改め、同表電気工事施工管理の項中「一万三千二百円」を「一万五千八百円」に、「六千六百円」を「七千九百円」に改め、同表管工事施工管理の項中「一万五百円」を「一万二千七百円」に、「五千二百五十円」を「六千三百五十円」に改め、同表電気通信工事施工管理の項中「一万三千円」を「一万四千三百円」に、「六千五百円」を「七千百五十円」に改め、同表造園施工管理の項中「一万四千四百円」を「一万七千二百円」に、「七千二百円」を「八千六百円」に改め、同条を第四十二条とし、第三十八条を第四十一条とする。

第三十七条第二項中「第三十四条第五項」を「第三十七条第五項」に改め、同条を第四十条とし、第三十六条を第三十九条とし、第三十五条を第三十八条とし、第三十四条を第三十七条とする。

第三十三条中「第二十六条の十九」を「第二十六条の二十」に改め、同条を第三十六条とする。

第三十二条中「第二十六条の八第一項」を「第二十六条の九第一項」に改め、同条を第三十五条とし、第三十一条を第三十二条とし、同条の次に次の二条を加える。

（法第二十六条の五第一項第二号の金額）

第三十三条　法第二十六条の五第一項第二号の政令で定める金額は、一億円とする。ただし、当該建設工事が建築一式工事である場合においては、二億円とする。

（営業所技術者等が主任技術者又は監理技術者の職務を兼ねることができる工事現場の数）

第三十四条　法第二十六条の五第二項の政令で定める数は、一とする。

第三十条第二項中「四千万円」を「四千五百万円」に改め、同条を第三十一条とする。

第二十九条の見出し中「特例監理技術者」を「主任技術者又は監理技術者」に改め、同条を第三十条とする。

第二十八条中「第二十六条第三項ただし書」を「第二十六条第三項第二号」に改め、同条を第二十九条とし、第二十七条の次に次の一条を加える。

（法第二十六条第三項第一号イの金額）

第二十八条　法第二十六条第三項第一号イの政令で定める金額は、一億円とする。ただし、当該建設工事が建築一式工事である場合においては、二億円とする。

（国立大学法人法施行令の一部改正）

第二条　国立大学法人法施行令（平成十五年政令第四百七十八号）の一部を次のように改正する。

第二十六条第二項の表公共工事の入札及び契約の適正化の促進に関する法律（平成十二年法律第百二十七号）第一条、第二条第一項及び第二項、第六条、第十条、第十一条、第十三条、第十六条、第十七条第一項及び第二項、同条第三項及び第四項（これらの規定を同条第七項において準用する場合を含む。）、第十八条、第十九条第一項、第二十条第一項並びに第二十二条第一項の項中「第十六条、第十七条第一項及び第二項」を「第十七条、第十八条第一項及び第二項」に、「第十八条、第十九条第一項、第二十条第一項並びに第二十二条第一項」を「第十九条、第二十条第一項、第二十一条第一項並びに第二十三条第一項」に改める。

附　則

（施行期日）

1　この政令は、建設業法及び公共工事の入札及び契約の適正化の促進に関する法律の一部を改正する法律附則第一条第三号に掲げる規定の施行の日（令和六年十二月十三日）から施行する。ただし、次の各号に掲げる規定は、当該各号に定める日から施行する。

一　第一条中建設業法施行令第四十五条の改正規定　公布の日

二　第一条中建設業法施行令第三十九条第一項の表の改正規定　令和七年一月一日

三　第一条中建設業法施行令第二条の改正規定、同令第七条の四の改正規定、同令第二十七条第一項の改正規定及び同令第三十条第二項の改正規定　令和七年二月一日

（経過措置）

2　前項第三号に掲げる規定の施行前にした行為に対する罰則の適用については、なお従前の例による。

理　由

建設業法及び公共工事の入札及び契約の適正化の促進に関する法律の一部を改正する法律の一部の施行に伴い、及び建設業を取り巻く社会経済情勢の変化に鑑み、主任技術者又は監理技術者の専任の特例の対象となる建設工事の請負代金の額等を定めるとともに、特定建設業の許可を必要とする一件の建設工事についての下請代金の額等を引き上げる等の必要があるからである。

建設業法施行令及び国立大学法人法施行令の一部を改正する政令案　新旧対照条文　目次

○建設業法施行令（昭和三十一年政令第二百七十三号）（抄）（第一条関係）

（傍線の部分は改正部分）

改正案	現行
（法第三条第一項第二号の金額）	（法第三条第一項第二号の金額）
第二条　法第三条第一項第二号の政令で定める金額は、五千万円とする。ただし、同項の許可を受けようとする建設業が建築工事業である場合においては、八千万円とする。	第二条　法第三条第一項第二号の政令で定める金額は、四千五百万円とする。ただし、同項の許可を受けようとする建設業が建築工事業である場合においては、七千万円とする。
（法第二十四条の八第一項の金額）	（法第二十四条の八第一項の金額）
第七条の四　法第二十四条の八第一項の政令で定める金額は、五千万円とする。ただし、特定建設業者が発注者から直接請け負つた建設工事が建築一式工事である場合においては、八千万円とする。	第七条の四　法第二十四条の八第一項の政令で定める金額は、四千五百万円とする。ただし、特定建設業者が発注者から直接請け負つた建設工事が建築一式工事である場合においては、七千万円とする。
（専任の主任技術者又は監理技術者を必要とする建設工事）	（専任の主任技術者又は監理技術者を必要とする建設工事）
第二十七条　法第二十六条第三項の政令で定める重要な建設工事は、次の各号のいずれかに該当する建設工事で工事一件の請負代金の額が四千五百万円（当該建設工事が建築一式工事である場合にあつては、九千万円）以上のものとする。	第二十七条　法第二十六条第三項の政令で定める重要な建設工事は、次の各号のいずれかに該当する建設工事で工事一件の請負代金の額が四千万円（当該建設工事が建築一式工事である場合にあつては、八千万円）以上のものとする。
一～三　（略）	一～三　（略）
2　（略）	2　（略）
（法第二十六条第三項第一号イの金額）	（新設）
第二十八条　法第二十六条第三項第一号イの政令で定める金額は、一億円とする。ただし、当該建設工事が建築一式工事である場合においては、二億円とする。	

（監理技術者の行うべき職務を補佐する者） 第二十九条　法第二十六条第三項第二号の政令で定める者は、次の各号のいずれかに該当する者とする。 一・二　（略）	（監理技術者の行うべき職務を補佐する者） 第二十八条　法第二十六条第三項ただし書の政令で定める者は、次の各号のいずれかに該当する者とする。 一・二　（略）
（同一の主任技術者又は監理技術者を置くことができる工事現場の数） 第三十条　（略）	（同一の特例監理技術者を置くことができる工事現場の数） 第二十九条　（略）
（特定専門工事の対象となる建設工事） 第三十一条　（略） ２　法第二十六条の三第二項の政令で定める金額は、四千五百万円とする。	（特定専門工事の対象となる建設工事） 第三十条　（略） ２　法第二十六条の三第二項の政令で定める金額は、四千万円とする。
第三十二条　（略）	第三十一条　（略）
（法第二十六条の五第一項第二号の金額） 第三十三条　法第二十六条の五第一項第二号の政令で定める金額は、一億円とする。ただし、当該建設工事が建築一式工事である場合においては、二億円とする。	（新設）
（営業所技術者等が主任技術者又は監理技術者の職務を兼ねることができる工事現場の数） 第三十四条　法第二十六条の五第二項の政令で定める数は、一とする。	（新設）
（登録の有効期間） 第三十五条　法第二十六条の九第一項（法第二十七条の三十二において準用する場合を含む。）の政令で定める期間は、三年とする。	（登録の有効期間） 第三十二条　法第二十六条の八第一項（法第二十七条の三十二において準用する場合を含む。）の政令で定める期間は、三年とする。

（国土交通大臣が行う講習手数料）

第三十六条　法第二十六条の二十の政令で定める手数料の額は、一万五百円とする。

第三十七条～第三十九条　（略）

（称号）

第四十条　（略）

２　前項に定めるもののほか、第三十七条第五項の規定による二級の技術検定に合格した者にあつては、前項に規定する称号にその合格した技術検定に係る検定種別の名称を付するものとする。

第四十一条　（略）

（受検手数料等）

第四十二条　第一次検定又は第二次検定の受検手数料の額は、次の表に掲げるとおりとする。ただし、第三十九条の規定により第一次検定又は第二次検定の一部の免除を受けることができる者が当該第一次検定又は第二次検定を受けようとする場合においては、当該第一次検定又は第二次検定について同表に掲げる額から国土交通大臣が定める額を減じた額とする。

検定種目	一級		二級	
	第一次検定	第二次検定	第一次検定	第二次検定
建設機械施工管理	一万九千七百円	五万七千三百円	一万九千七百円	四万八百円
土木施工管理	一万二千円	一万二千円	六千円	六千円
建築施工管理	一万二千三百円	一万二千三百円	六千百五十円	六千百五十円

（国土交通大臣が行う講習手数料）

第三十三条　法第二十六条の十九の政令で定める手数料の額は、一万五百円とする。

第三十四条～第三十六条　（略）

（称号）

第三十七条　（略）

２　前項に定めるもののほか、第三十四条第五項の規定による二級の技術検定に合格した者にあつては、前項に規定する称号にその合格した技術検定に係る検定種別の名称を付するものとする。

第三十八条　（略）

（受検手数料等）

第三十九条　第一次検定又は第二次検定の受検手数料の額は、次の表に掲げるとおりとする。ただし、第三十六条の規定により第一次検定又は第二次検定の一部の免除を受けることができる者が当該第一次検定又は第二次検定を受けようとする場合においては、当該第一次検定又は第二次検定について同表に掲げる額から国土交通大臣が定める額を減じた額とする。

検定種目	一級		二級	
	第一次検定	第二次検定	第一次検定	第二次検定
建設機械施工管理	一万四千七百円	三万八千七百円	一万四千七百円	二万七千百円
土木施工管理	一万五百円	一万五百円	五千二百五十円	五千二百五十円
建築施工管理	一万八百円	一万八百円	五千四百円	五千四百円

電気工事施工管理	一万五千八百円	一万五千八百円	七千九百円	七千九百円
管工事施工管理	一万二千七百円	一万二千七百円	六千三百五十円	六千三百五十円
電気通信工事施工管理	一万四千三百円	一万四千三百円	七千百五十円	七千百五十円
造園施工管理	一万七千二百円	一万七千二百円	八千六百円	八千六百円

2　（略）

第四十三条～第四十七条　（略）

（中央建設業審議会の所掌事務）

第四十八条　中央建設業審議会は、法によりその権限に属させられた事項のほか、資源の有効な利用の促進に関する法律（平成三年法律第四十八号）第十七条第三項及び第三十六条第三項並びにプラスチックに係る資源循環の促進等に関する法律（令和三年法律第六十号）第四十六条第五項の規定によりその権限に属させられた事項を処理する。

第四十九条～第五十四条　（略）

電気工事施工管理	一万三千二百円	一万三千二百円	六千六百円	六千六百円
管工事施工管理	一万五百円	一万五百円	五千二百五十円	五千二百五十円
電気通信工事施工管理	一万三千円	一万三千円	六千五百円	六千五百円
造園施工管理	一万四千四百円	一万四千四百円	七千二百円	七千二百円

2　（略）

第四十条～第四十四条　（略）

（中央建設業審議会の所掌事務）

第四十五条　中央建設業審議会は、法第三十四条第一項に規定するもののほか、資源の有効な利用の促進に関する法律（平成三年法律第四十八号）第十七条第三項及び第三十六条第三項並びにプラスチックに係る資源循環の促進等に関する法律（令和三年法律第六十号）第四十六条第五項の規定に基づきその権限に属させられた事項を処理する。

第四十六条～第五十一条　（略）

○国立大学法人法施行令（平成十五年政令第四百七十八号）（抄）（第二条関係）

（傍線の部分は改正部分）

改正案

第二十六条　（略）

2　次の表の上欄に掲げる法令の規定については、国立大学法人等を同表の下欄に掲げる独立行政法人とみなして、これらの規定を準用する。

（略）	（略）
公共工事の入札及び契約の適正化の促進に関する法律（平成十二年法律第百二十七号）第一条、第二条第一項及び第二項、第六条、第十条、第十一条、第十三条、第十七条、第十八条第一項及び第二項、同条第三項及び第四項（これらの規定を同条第七項において準用する場合を含む。）、第十九条、第二十条第一項、第二十一条第一項並びに第二十三条第一項	同法第二条第一項の政令で定める独立行政法人
（略）	（略）

3　（略）

現行

第二十六条　（略）

2　次の表の上欄に掲げる法令の規定については、国立大学法人等を同表の下欄に掲げる独立行政法人とみなして、これらの規定を準用する。

（略）	（略）
公共工事の入札及び契約の適正化の促進に関する法律（平成十二年法律第百二十七号）第一条、第二条第一項及び第二項、第六条、第十条、第十一条、第十三条、第十六条、第十七条第一項及び第二項、同条第三項及び第四項（これらの規定を同条第七項において準用する場合を含む。）、第十八条、第十九条第一項、第二十条第一項並びに第二十二条第一項	同法第二条第一項の政令で定める独立行政法人
（略）	（略）

3　（略）

建設業法施行令及び国立大学法人法施行令の一部を改正する政令案　参照条文　目次

○　建設業法施行令（昭和三十一年政令第二百七十三号）（抄）

（法第三条第一項第二号の金額）
第二条　法第三条第一項第二号の政令で定める金額は、四千五百万円とする。ただし、同項の許可を受けようとする建設業が建築工事業である場合においては、七千万円とする。

（法第二十四条の八第一項の金額）
第七条の四　法第二十四条の八第一項の政令で定める金額は、四千五百万円とする。ただし、特定建設業者が発注者から直接請け負つた建設工事が建築一式工事である場合においては、七千万円とする。

（専任の主任技術者又は監理技術者を必要とする建設工事）
第二十七条　法第二十六条第三項の政令で定める重要な建設工事は、次の各号のいずれかに該当する建設工事で工事一件の請負代金の額が四千万円（当該建設工事が建築一式工事である場合にあつては、八千万円）以上のものとする。
一～三　（略）
2　（略）

（監理技術者の行うべき職務を補佐する者）
第二十八条　法第二十六条第三項ただし書の政令で定める者は、次の各号のいずれかに該当する者とする。
一・二　（略）

（同一の特例監理技術者を置くことができる工事現場の数）
第二十九条　法第二十六条第四項の政令で定める数は、二とする。

（特定専門工事の対象となる建設工事）
第三十条　法第二十六条の三第二項の政令で定めるものは、次に掲げるものとする。
一・二　（略）
2　法第二十六条の三第二項の政令で定める金額は、四千万円とする。

（法第二十六条の三第六項の規定による承諾に関する手続等）
第三十一条　法第二十六条の三第六項の規定による承諾は、注文者が、国土交通省令で定めるところにより、あらかじめ、当該承諾に係る元請負人に対し電磁的方法（同項に規定する方法をいう。以下この条において同じ。）による通知に用いる電磁的方法の種類及び内容を示した上で、当該元請負人から書面又は電子情報処理組織を使用する方法その他の情報通信の技術を利用する方法であつて国土交通省令で定めるもの（次項において「書面等」という。）によつて得るものとする。

２　注文者は、前項の承諾を得た場合であつても、当該承諾に係る元請負人から書面等により電磁的方法による通知を受けない旨の申出があつたときは、当該電磁的方法による通知をしてはならない。ただし、当該申出の後に当該元請負人から再び同項の承諾を得た場合は、この限りでない。

（登録の有効期間）

第三十二条　法第二十六条の八第一項（法第二十七条の三十二において準用する場合を含む。）の政令で定める期間は、三年とする。

（国土交通大臣が行う講習手数料）

第三十三条　法第二十六条の十九の政令で定める手数料の額は、一万五百円とする。

（技術検定の検定種目等）

第三十四条　法第二十七条第一項の規定による技術検定（以下「技術検定」という。）は、次の表の検定種目の欄に掲げる種目（以下「検定種目」という。）に区分し、当該検定種目ごとに同表の検定技術の欄に掲げる技術を対象として行う。

検定種目	検定技術
建設機械施工管理	建設機械の統一的かつ能率的な運用を必要とする建設工事の実施に当たり、その施工計画の作成及び当該工事の工程管理、品質管理、安全管理等工事の施工の管理を適確に行うために必要な技術
土木施工管理	土木一式工事の実施に当たり、その施工計画の作成及び当該工事の工程管理、品質管理、安全管理等工事の施工の管理を適確に行うために必要な技術
建築施工管理	建築一式工事の実施に当たり、その施工計画及び施工図の作成並びに当該工事の工程管理、品質管理、安全管理等工事の施工の管理を適確に行うために必要な技術
電気工事施工管理	電気工事の実施に当たり、その施工計画及び施工図の作成並びに当該工事の工程管理、品質管理、安全管理等工事の施工の管理を適確に行うために必要な技術
管工事施工管理	管工事の実施に当たり、その施工計画及び施工図の作成並びに当該工事の工程管理、品質管理、安全管理等工事の施工の管理を適確に行うために必要な技術
電気通信工事施工管理	電気通信工事の実施に当たり、その施工計画及び施工図の作成並びに当該工事の工程管理、品質管理、安全管理等工事の施工の管理を適確に行うために必要な技術

造園施工管理	造園工事の実施に当たり、その施工計画及び施工図の作成並びに当該工事の工程管理、品質管理、安全管理等工事の施工の管理を適確に行うために必要な技術

2　技術検定は、検定種目ごとに、一級及び二級に区分して行う。
3　一級の技術検定は、検定種目ごとに、法第二十七条第一項に規定する者が監理技術者として必要な知識及び能力を有するかどうかを判定するために行う。
4　二級の技術検定は、検定種目ごとに、法第二十七条第一項に規定する者が主任技術者として必要な知識及び能力を有するかどうかを判定するために行う。
5　前各項の規定にかかわらず、建設機械施工管理、土木施工管理及び建築施工管理に係る二級の技術検定（建築施工管理に係る二級の技術検定にあつては、第二次検定に限る。）は、当該検定種目を国土交通省令で定める種別（以下「検定種別」という。）に区分し、当該検定種別ごとに行う。

（技術検定の科目及び基準並びに受検資格）
第三十五条　第一次検定及び第二次検定の科目及び基準並びに受検資格は、前条の規定による技術検定の区分に応じ、国土交通省令で定める。

（検定の免除）
第三十六条　次の表の上欄に掲げる者については、申請により、それぞれ同表の下欄に掲げる検定を免除する。

学校教育法（昭和二十二年法律第二十六号）による大学、高等専門学校、高等学校若しくは中等教育学校において施工技術の基礎となる工学に関する知識を修得することができるものとして国土交通大臣が定める学科を修めて卒業した者又は国土交通大臣がこれらの者と同等以上の知識を有するものと認定した者	第一次検定の一部で一級及び二級の区分並びに検定種目及び検定種別の区分に応じ国土交通大臣が定めるもの
二級の第二次検定に合格した者	検定種目を同じくする一級の第一次検定又は第二次検定の一部で検定種目の区分に応じ国土交通大臣が定めるもの
他の法令の規定による免許で国土交通大臣が定めるものを受けた者又は国土交通大臣が定める検定若しくは試験に合格した者	第一次検定又は第二次検定の全部又は一部で一級及び二級の区分並びに検定種目及び検定種別の区分に応じ国土交通大臣が定めるもの

（称号）
第三十七条　（略）
2　前項に定めるもののほか、第三十四条第五項の規定による二級の技術検定に合格した者にあつては、前項に規定する称号にその合格した技術検定に係る検定種別の名称を付するものとする。

（合格の取消し等）

第三十八条　国土交通大臣は、不正の手段によつて技術検定を受け、又は受けようとした者に対しては、合格の決定を取り消し、又はその技術検定を受けることを禁止することができる。

２　前項の規定により合格の決定を取り消された者は、合格証明書を国土交通大臣に返付しなければならない。

３　国土交通大臣は、第一項の規定による処分を受けた者に対し、三年以内の期間を定めて技術検定を受けることができないものとすることができる。

（受検手数料等）

第三十九条　第一次検定又は第二次検定の受検手数料の額は、次の表に掲げるとおりとする。ただし、第三十六条の規定により第一次検定又は第二次検定の一部の免除を受けることができる者が当該第一次検定又は第二次検定を受けようとする場合においては、当該第一次検定又は第二次検定について同表に掲げる額から国土交通大臣が定める額を減じた額とする。

検定種目	一級		二級	
	第一次検定	第二次検定	第一次検定	第二次検定
建設機械施工管理	一万四千七百円	三万八千七百円	一万四千七百円	二万七千百円
土木施工管理	一万五百円	一万五百円	五千二百五十円	五千二百五十円
建築施工管理	一万八百円	一万八百円	五千四百円	五千四百円
電気工事施工管理	一万三千二百円	一万三千二百円	六千六百円	六千六百円
管工事施工管理	一万五百円	一万五百円	五千二百五十円	五千二百五十円
電気通信工事施工管理	一万三千円	一万三千円	六千五百円	六千五百円
造園施工管理	一万四千四百円	一万四千四百円	七千二百円	七千二百円

２　（略）

（国土交通省令への委任）

第四十条　この政令で定めるもののほか、技術検定に関し必要な事項は、国土交通省令で定める。

（資格者証交付等手数料）

第四十一条　法第二十七条の二十一第一項の政令で定める額は、七千六百円とする。

（公共性のある施設又は工作物に関する建設工事）
第四十二条　法第二十七条の二十三第一項の政令で定める建設工事は、国、地方公共団体、法人税法（昭和四十年法律第三十四号）別表第一に掲げる公共法人（地方公共団体を除く。）又はこれらに準ずるものとして国土交通省令で定める法人が発注者であり、かつ、工事一件の請負代金の額が五百万円（当該建設工事が建築一式工事である場合にあつては、千五百万円）以上のものであつて、次に掲げる建設工事以外のものとする。
一　堤防の欠壊、道路の埋没、電気設備の故障その他施設又は工作物の破壊、埋没等で、これを放置するときは、著しい被害を生ずるおそれのあるものによつて必要を生じた応急の建設工事
二　前号に掲げるもののほか、経営事項審査を受けていない建設業者が発注者から直接請け負うことについて緊急の必要その他やむを得ない事情があるものとして国土交通大臣が指定する建設工事

（国土交通大臣が行う経営規模等評価等手数料）
第四十三条　法第二十七条の三十の政令で定める手数料の額のうち経営規模等評価の申請に係るものは、八千百円に法第二十七条の二十三第一項に規定する建設業者が審査を受けようとする建設業（次項において「審査対象建設業」という。）一種類につき二千三百円として計算した額を加算した額とする。
2　法第二十七条の三十の政令で定める手数料の額のうち総合評定値の請求に係るものは、四百円に審査対象建設業一種類につき二百円として計算した額を加算した額とする。

（国土交通大臣が行う経営状況分析手数料）
第四十四条　法第二十七条の三十五第四項において準用する法第二十七条の三十の政令で定める手数料の額は、一万五千九百円とする。

（中央建設業審議会の所掌事務）
第四十五条　中央建設業審議会は、法第三十四条第一項に規定するもののほか、資源の有効な利用の促進に関する法律（平成三年法律第四十八号）第十七条第三項及び第三十六条第三項並びにプラスチックに係る資源循環の促進等に関する法律（令和三年法律第六十号）第四十六条第五項の規定に基づきその権限に属させられた事項を処理する。

（中央建設業審議会の議事）
第四十六条　中央建設業審議会は、委員の総数の二分の一以上が出席しなければ、会議を開くことができない。
2　学識経験のある者、建設工事の需要者又は建設業者のいずれか一に属する委員の出席者の数が出席委員の総数の二分の一を超えるときは、議決をすることができない。

3　中央建設業審議会の議事は、出席委員の過半数をもつて決する。可否同数のときは、会長が決する。

（部会）

第四十七条　中央建設業審議会は、その定めるところにより、部会を置くことができる。

2　部会は、それぞれ学識経験のある者、建設工事の需要者及び建設業者である委員のうちから会長が指名した者で組織する。法第三十五条第三項の規定は、この場合に準用する。

3　部会に部会長を置き、会長が指名する。

4　部会長は、部会の事務を掌理する。

5　中央建設業審議会は、その定めるところにより、部会の議決をもつて中央建設業審議会の議決とすることができる。

6　前条の規定は、部会の議事に準用する。この場合において、同条第三項中「会長」とあるのは、「部会長」と読み替えるものとする。

（中央建設業審議会の庶務）

第四十八条　中央建設業審議会の庶務は、国土交通省不動産・建設経済局建設業課において処理する。

（中央建設業審議会の運営）

第四十九条　この政令で定めるもののほか、中央建設業審議会の運営に関し必要な事項は、中央建設業審議会が定める。

（参考人に支給する費用）

第五十条　法第四十四条に規定する旅費、日当その他の費用は、国土交通大臣に意見を求められて出頭した参考人に係るものにあつては国家公務員等の旅費に関する法律の定めるところにより、都道府県知事に意見を求められて出頭した参考人に係るものにあつては当該都道府県の条例の定めるところによる。

（権限の委任）

第五十一条　この政令に規定する国土交通大臣の権限は、国土交通省令で定めるところにより、その一部を地方整備局長又は北海道開発局長に委任することができる。

○　建設業法（昭和二十四年法律第百号）（抄）（建設業法及び公共工事の入札及び契約の適正化の促進に関する法律の一部を改正する法律（令和六年法律第四十九号）による改正後の条文）

（建設業の許可）

第三条　建設業を営もうとする者は、次に掲げる区分により、この章で定めるところにより、二以上の都道府県の区域内に営業所（本店又は支店若しくは政令で定めるこれに準ずるものをいう。以下同じ。）を設けて営業をしようとする場合にあつては国土交通大臣の、一の都道府県の区域内にのみ営業所を設けて営業をしようとする場合にあつては当該営業所の所在地を管轄する都道府県知事の許可を受けなければならない。ただし、政令で定める軽微な建設工事のみを請け負うことを営業とする者は、この限りでない。
一　建設業を営もうとする者であつて、次号に掲げる者以外のもの
二　（略）
2～6　（略）

（施工体制台帳及び施工体系図の作成等）
第二十四条の八　特定建設業者は、発注者から直接建設工事を請け負つた場合において、当該建設工事を施工するために締結した下請契約の請負代金の額（当該下請契約が二以上あるときは、それらの請負代金の額の総額）が政令で定める金額以上になるときは、建設工事の適正な施工を確保するため、国土交通省令で定めるところにより、当該建設工事について、下請負人の商号又は名称、当該下請負人に係る建設工事の内容及び工期その他の国土交通省令で定める事項を記載した施工体制台帳を作成し、工事現場ごとに備え置かなければならない。
2～4　（略）

（主任技術者及び監理技術者の設置等）
第二十六条　建設業者は、その請け負つた建設工事を施工するときは、当該建設工事に関し第七条第二号イ、ロ又はハに該当する者で当該工事現場における建設工事の施工の技術上の管理をつかさどるもの（以下「主任技術者」という。）を置かなければならない。
2　発注者から直接建設工事を請け負つた特定建設業者は、当該建設工事を施工するために締結した下請契約の請負代金の額（当該下請契約が二以上あるときは、それらの請負代金の額の総額）が第三条第一項第二号の政令で定める金額以上になる場合においては、前項の規定にかかわらず、当該建設工事に関し第十五条第二号イ、ロ又はハに該当する者（当該建設工事に係る建設業が指定建設業である場合にあつては、同号イに該当する者又は同号ハの規定により国土交通大臣が同号イに掲げる者と同等以上の能力を有するものと認定した者）で当該工事現場における建設工事の施工の技術上の管理をつかさどるもの（以下「監理技術者」という。）を置かなければならない。
3　公共性のある施設若しくは工作物又は多数の者が利用する施設若しくは工作物に関する重要な建設工事で政令で定めるものについては、前二項の規定により置かなければならない主任技術者又は監理技術者は、工事現場ごとに、専任の者でなければならない。ただし、次に掲げる主任技術者又は監理技術者については、この限りでない。
一　当該建設工事が次のイからハまでに掲げる要件のいずれにも該当する場合における主任技術者又は監理技術者
イ　当該建設工事の請負代金の額が政令で定める金額未満となるものであること。
ロ　当該建設工事の工事現場間の移動時間又は連絡方法その他の当該工事現場の施工体制の確保のために必要な事項に関し国土交通省令で定める要件に適合するものであること。

ハ　主任技術者又は監理技術者が当該建設工事の工事現場の状況の確認その他の当該工事現場に係る第二十六条の四第一項に規定する職務を情報通信技術を利用する方法により行うため必要な措置として国土交通省令で定めるものが講じられるものであること。

二　当該建設工事の工事現場に、当該監理技術者の行うべき第二十六条の四第一項に規定する職務を補佐する者として、当該建設工事に関し第十五条第二号イ、ロ又はハに該当する者に準ずる者として政令で定める者を専任で置く場合における監理技術者

4　前項ただし書の規定は、同項各号の建設工事の工事現場の数が、同一の主任技術者又は監理技術者が各工事現場に係る第二十六条の四第一項に規定する職務を行つたとしてもその適切な遂行に支障を生ずるおそれがないものとして政令で定める数を超えるときは、適用しない。

5・6　（略）

第二十六条の三　特定専門工事の元請負人及び下請負人（建設業者である下請負人に限る。以下この条において同じ。）は、その合意により、当該元請負人が当該特定専門工事につき第二十六条第一項の規定により置かなければならない主任技術者が、その行うべき次条第一項に規定する職務と併せて、当該下請負人がその下請負に係る建設工事につき第二十六条第一項の規定により置かなければならないこととされる主任技術者の行うべき次条第一項に規定する職務を行うこととすることができる。この場合において、当該下請負人は、第二十六条第一項の規定にかかわらず、その下請負に係る建設工事につき主任技術者を置くことを要しない。

2　前項の「特定専門工事」とは、土木一式工事又は建築一式工事以外の建設工事のうち、その施工技術が画一的であり、かつ、その施工の技術上の管理の効率化を図る必要があるものとして政令で定めるものであつて、当該建設工事の元請負人がこれを施工するために締結した下請契約の請負代金の額（当該下請契約が二以上あるときは、それらの請負代金の額の総額。以下この項において同じ。）が政令で定める金額未満となるものをいう。ただし、元請負人が発注者から直接請け負つた建設工事であつて、当該元請負人がこれを施工するために締結した下請契約の請負代金の額が第二十六条第二項に規定する金額以上となるものを除く。

3〜6　（略）

（営業所技術者等に関する主任技術者又は監理技術者の職務の特例）

第二十六条の五　建設業者は、第二十六条第三項本文に規定する建設工事が次の各号に掲げる要件のいずれにも該当する場合には、第七条（第二号に係る部分に限る。）又は第十五条（第二号に係る部分に限る。）及び同項本文の規定にかかわらず、その営業所の営業所技術者又は特定営業所技術者について、営業所技術者にあつては第二十六条第一項の規定により当該工事現場に置かなければならない主任技術者の職務を、特定営業所技術者にあつては当該主任技術者又は同条第二項の規定により当該工事現場に置かなければならない監理技術者の職務を兼ねて行わせることができる。

一　当該営業所において締結した請負契約に係る建設工事であること。

二　当該建設工事の請負代金の額が政令で定める金額未満となるものであること。

三　当該営業所と当該建設工事の工事現場との間の移動時間又は連絡方法その他の当該営業所の業務体制及び当該工事現場の施工体制の確保のために必要な事項に関し国土交通省令で定める要件に適合するものであること。

四　営業所技術者又は特定営業所技術者が当該営業所及び当該建設工事の工事現場の状況の確認その他の当該営業所における建設工事の請負契約の締結及び履行の業務に関する技術上の管理に係る職務並びに当該工事現場に係る前条第一項に規定する職務（次項において「営業所職務等」という。）を情報通信技術を利用する方法により行うため必要な措置として国土交通省令で定めるものが講じられるものであること。

2　前項の規定は、同項の工事現場の数が、営業所技術者又は特定営業所技術者が当該工事現場に係る主任技術者又は監理技術者の職務を兼ねて行つたとしても営業所職務等の適切な遂行に支障を生ずるおそれがないものとして政令で定める数を超えるときは、適用しない。

3・4　（略）

（登録の更新）

第二十六条の九　第二十六条第五項の登録は、三年を下らない政令で定める期間ごとにその更新を受けなければ、その期間の経過によつて、その効力を失う。

2　前三条の規定は、前項の登録の更新について準用する。

（手数料）

第二十六条の二十　前条第一項の規定により国土交通大臣が行う講習を受けようとする者は、実費を勘案して政令で定める額の手数料を国に納めなければならない。

（手数料）

第二十七条の十六　第一次検定若しくは第二次検定を受けようとする者又は合格証明書の交付若しくは再交付を受けようとする者は、実費を勘案して政令で定める額の手数料を国（指定試験機関が行う試験を受けようとする者は、指定試験機関）に納めなければならない。

2　（略）

（中央建設業審議会の設置等）

第三十四条　国土交通省に、中央建設業審議会を置く。

2　中央建設業審議会は、第二十七条の二十三第三項の規定によりその権限に属させられた事項を処理するほか、建設工事の標準請負契約約款、建設工事の工期及び労務費に関する基準、入札の参加者の資格に関する基準並びに予定価格を構成する材料費及び役務費以外の諸経費に関する基準を作成し、並びにその実施を勧告することができる。

3　前項に規定するもののほか、中央建設業審議会は、公共工事の前払金保証事業に関する法律及び入札契約適正化法の規定によりその権限に属させられた事項を処理する。

（政令への委任）

第三十九条　この章に規定するもののほか、中央建設業審議会の所掌事務その他中央建設業審議会について必要な事項は、政令で定める。

（経過措置）

第四十四条の二　この法律の規定に基づき、命令を制定し、又は改廃する場合においては、その命令で、その制定又は改廃に伴い合理的に必要と判断される範囲内において、所要の経過措置（罰則に関する経過措置を含む。）を定めることができる。

○　国立大学法人法施行令（平成十五年政令第四百七十八号）（抄）

第二十六条　（略）

2　次の表の上欄に掲げる法令の規定については、国立大学法人等を同表の下欄に掲げる独立行政法人とみなして、これらの規定を準用する。

（略）	（略）
公共工事の入札及び契約の適正化の促進に関する法律（平成十二年法律第百二十七号）第一条、第二条第一項及び第二項、第六条、第十条、第十一条、第十三条、第十六条、第十七条第一項及び第二項、同条第三項及び第四項（これらの規定を同条第七項において準用する場合を含む。）、第十八条、第十九条第一項、第二十条第一項並びに第二十二条第一項	同法第二条第一項の政令で定める独立行政法人
（略）	（略）

○　国立大学法人法（平成十五年法律第百十二号）（抄）

（他の法令の準用）

第三十七条　（略）

2　博物館法（昭和二十六年法律第二百八十五号）その他政令で定める法令については、政令で定めるところにより、国立大学法人等を独立行政法人通則法第二条第一項に規定する独立行政法人とみなして、これらの法令を準用する。

○　公共工事の入札及び契約の適正化の促進に関する法律（平成十二年法律第百二十七号）（抄）（建設業法及び公共工事の入札及び契約の適正化の促進に関する法律の一部を改正する法律（令和六年法律第四十九号）による改正後の条文）

（各省各庁の長等の責務）

第十三条　各省各庁の長等は、その請負代金の額によっては公共工事の適正な施工が通常見込まれない契約の締結を防止し、及び不正行為を排除するため、前条の規定により提出された書類の内容の確認その他の必要な措置を講じなければならない。
２　各省各庁の長等は、公共工事について、主要な資材の供給の著しい減少、資材の価格の高騰その他の工期又は請負代金の額に影響を及ぼすものとして国土交通省令で定める事象が発生した場合において、公共工事の受注者が請負契約の内容の変更について協議を申し出たときは、誠実に当該協議に応じなければならない。

（公共工事の適正な施工の確保のために必要な措置）
第十六条　公共工事についての建設業法第二十五条の二十八の規定の適用については、同条第一項及び第二項中「特定建設業者」とあるのは、「建設業者」とする。

（各省各庁の長等の責務）
第十七条　公共工事を発注した国等に係る各省各庁の長等は、施工技術者の設置の状況その他の工事現場の施工体制を適正なものとするため、当該工事現場の施工体制が施工体制台帳の記載に合致しているかどうかの点検その他の必要な措置を講じなければならない。
２　前項に規定するもののほか、同項の各省各庁の長等は、前条の規定により読み替えて適用する建設業法第二十五条の二十八第一項及び第二項に規定する措置が適確に講じられるよう、これらの規定に規定する建設業者に対し、必要な助言、指導その他の援助を行うよう努めなければならない。

（適正化指針の策定等）
第十八条　国は、各省各庁の長等による公共工事の入札及び契約の適正化を図るための措置（第二章、第三章、第十三条及び前条に規定するものを除く。）に関する指針（以下「適正化指針」という。）を定めなければならない。
２　適正化指針には、第三条各号に掲げるところに従って、次に掲げる事項を定めるものとする。
一　入札及び契約の過程並びに契約の内容に関する情報（各省各庁の長又は特殊法人等の代表者による措置にあっては第四条及び第五条、地方公共団体の長による措置にあっては第七条及び第八条に規定するものを除く。）の公表に関すること。
二　入札及び契約の過程並びに契約の内容について学識経験を有する者等の第三者の意見を適切に反映する方策に関すること。
三　入札及び契約の過程に関する苦情を適切に処理する方策に関すること。
四　公正な競争を促進し、及びその請負代金の額によっては公共工事の適正な施工が通常見込まれない契約の締結を防止するための入札及び契約の方法の改善に関すること。
五　公共工事の施工に必要な工期の確保及び地域における公共工事の施工の時期の平準化を図るための方策に関すること。
六　将来におけるより適切な入札及び契約のための公共工事の施工状況の評価の方策に関すること。
七　前項に規定する措置に関する事務を適切に行うために必要な体制の整備に関すること。

八　前各号に掲げるもののほか、入札及び契約の適正化を図るため必要な措置に関すること。
3　適正化指針の策定に当たっては、特殊法人等及び地方公共団体の自主性に配慮しなければならない。
4　国土交通大臣、総務大臣及び財務大臣は、あらかじめ各省各庁の長及び特殊法人等を所管する大臣に協議した上、適正化指針の案を作成し、閣議の決定を求めなければならない。
5　国土交通大臣は、適正化指針の案の作成に先立って、中央建設業審議会の意見を聴かなければならない。
6　国土交通大臣、総務大臣及び財務大臣は、第四項の規定による閣議の決定があったときは、遅滞なく、適正化指針を公表しなければならない。
7　第三項から前項までの規定は、適正化指針の変更について準用する。

（適正化指針に基づく責務）
第十九条　各省各庁の長等は、適正化指針に定めるところに従い、公共工事の入札及び契約の適正化を図るため必要な措置を講ずるよう努めなければならない。

（措置の状況の公表）
第二十条　国土交通大臣及び財務大臣は、各省各庁の長又は特殊法人等を所管する大臣に対し、当該各省各庁の長又は当該大臣が所管する特殊法人等が適正化指針に従って講じた措置の状況について報告を求めることができる。
2・3　（略）

（要請等）
第二十一条　国土交通大臣及び財務大臣は、各省各庁の長又は特殊法人等を所管する大臣に対し、公共工事の入札及び契約の適正化を促進するため適正化指針に照らして特に必要があると認められる措置を講ずべきことを要請することができる。
2～4　（略）

（関係法令等に関する知識の習得等）
第二十三条　国、特殊法人等及び地方公共団体は、それぞれその職員に対し、公共工事の入札及び契約が適正に行われるよう、関係法令及び所管分野における公共工事の施工技術に関する知識を習得させるための教育及び研修その他必要な措置を講ずるよう努めなければならない。
2　（略）

〈重要法令シリーズ130〉

建設業法／入契法改正法〔令和6年〕
法律・新旧対照条文等

2025年2月25日　第1版第1刷発行

発行者　今井　貴
発行所　株式会社 信山社
〒113-0033 東京都文京区本郷6-2-9-102
Tel 03-3818-1019
Fax 03-3818-0344
info@shinzansha.co.jp

出版契約 No.2025-6110-3-01010　Printed in Japan

印刷・製本／亜細亜印刷・渋谷文泉閣
ISBN978-4-7972-6110-3　012-020-020 C3332
分類323.900.e130 P132. 行政法

出典：国土交通省ホームページ（https://www.mlit.go.jp/report/press/tochi_fudousan_kensetsugyo13_hh_000001_00221.html〔改正法〕、https://www.mlit.go.jp/report/press/tochi_fudousan_kensetsugyo13_hh_000001_00266.html〔政令〕）

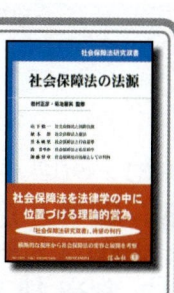

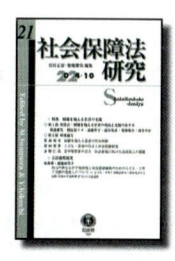

国際法研究　岩沢雄司 中谷和弘　責任編集

第14号

菊変・並製・228頁　定価4,620円(本体4,200円+税)

WTO 貿易と環境委員会の教訓〔早川　修〕
EU における自由貿易と非貿易的価値との均衡点の模索〔中村仁威〕
越境サイバー対処措置の国際法上の位置づけ〔西村　弓〕
条約の締結と国会承認〔大西進一〕
気候変動訴訟における将来世代の権利論〔鳥谷部壌〕
エネルギー憲章条約と EU 内投資仲裁〔湊健太郎〕
「代理占領」における非国家主体としての武装集団とその支援国家との関係が派生する種々の法的帰結に関する考察（下）〔新井　穣〕
千九百九十四年の関税及び貿易に関する一般協定第 21 条の不確定性（下）〔塩尻康太郎〕
【書評】中村仁威著『宇宙法の形成』（信山社，2023 年）〔福嶋雅彦〕
【判例 1】カンボジア特別法廷における JCE 法理〔後藤啓介〕
【判例 2】潜在的受益適格者数，賠償金額の算出，共同賠償責任，強姦および性的暴力の結果生まれた子どもの直接被害者認定〔長澤　宏〕

ＥＵ法研究　中西優美子　責任編集

第15号

菊変・並製・140頁　定価3,740円(本体3,400円+税)

【巻頭言】航空分野における EU 排出量取引制度(EU-ETS)〔中西優美子〕
ビジネスと人権〔上田廣美〕
ヨーロッパにおける COVID-19〔石村　修〕
EU 法と地方自治〔原田大樹〕
EU におけるデジタルガバナンス〔寺田麻佑〕
EU における畜産動物福祉法〔本庄　萌〕

法と哲学　井上達夫　責任編集

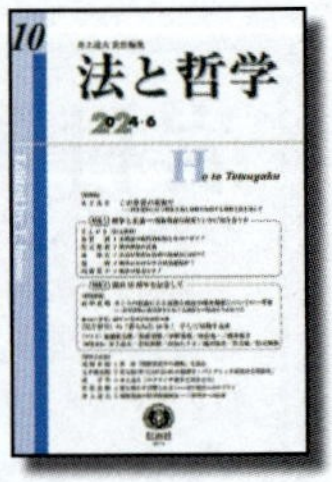

第10号

菊変・並製・396頁　定価4,950円(本体4,500円+税)

【巻頭言】この世界の荒海で〔井上達夫〕

特集Ⅰ　戦争と正義

松元雅和・有賀　誠・森　肇志・郭　舜・内藤葉子

特集Ⅱ　創刊 10 周年を記念して

【特別寄稿】カントの法論による道徳と政治の媒介構想についての一考察〔田中成明〕
【『法と哲学』創刊 10 周年記念座談会】『法と哲学』の「得られた 10 年」，そして目指す未来
〈ゲスト〉加藤新太郎／松原芳博／宇野重規／中山竜一／橋本祐子
〈編集委員〉井上達夫／若松良樹／山田八千子［司会］／瀧川裕英／児玉聡／松元雅和

【書評と応答】浅野有紀・玉手慎太郎・西　平等・若松良樹・井上達夫

憲法研究　辻村みよ子 責任編集

第15号　菊変・並製・180頁　定価：3, 960円（本体3, 600円+税）

特集 日本の人権状況への国際的評価と憲法学【企画趣旨：毛利　透】

国際組織・国際 NGO の人権保障のための諸活動と憲法学〔手塚崇聡〕
日本における国内人権機関の可能性〔初川　彬〕
国家主体の国籍から個人主体の国籍へ〔髙佐智美〕
外国人の退去強制手続に際しての身柄収容に対する国際人権基準からの評価と憲法〔大野友也〕
ジェンダー不平等に関する国際指標のレレバンスについて〔西山千絵〕
日本の人権状況への「国際的評価」を評価する〔齊藤笑美子〕
憲法上の権利としての親権と国際人権〔中岡　淳〕
報道の自由〔君塚正臣〕
人権条約における憎悪扇動表現規制義務と日本の対応〔村上　玲〕
民族教育の自由と教育を受ける権利〔安原陽平〕
【投稿論文】議会における規律的手段の日英議会法比較〔柴田竜太郎〕
【書評】赤坂幸一『統治機構論の基層』〔植松健一〕／森口千弘『内心の自由』〔堀口悟郎〕

行政法研究　宇賀克也 創刊（責任編集：1～30号）　行政法研究会 編集（31号～）

第58号　菊変・並製・256頁　定価：4, 620円（本体4, 200円+税）

【巻頭言】スマホ競争促進法による規制〔宇賀克也〕
1　同性婚訴訟の現状〔渡辺康行〕
2　個人情報保護法と統計法の保護に関する規定の比較〔横山　均〕
3　違法性の承継に関する一事例分析・再論〔興津征雄〕
4〈連載〉事実認定と行政裁量（1）〔船渡康平〕
5　ドイツ電気通信法制小史〔福島卓哉〕

東アジア行政法学会第 15 回学術総会

1　日本におけるデジタル改革と行政法の役割〔寺田麻佑〕
2　デジタル技術と行政法〔稲葉一将〕

民法研究 第2集　大村敦志 責任編集

第11号〔フランス編2〕　菊変・並製・184頁　定価3, 960円（本体3, 600円+税）

第 1 部　ボワソナードと比較法，そして日本法の将来

はじめに〔山元　一〕
ボワソナードの立法学〔池田眞朗〕
「フランス民法のルネサンス」その前後〔大村敦志〕
ボワソナードの比較法学の方法に関する若干の考察〔ベアトリス・ジャリュゾ（辻村亮彦 訳）〕
「人の法」を作らなかった二人の比較法学者〔松本英実〕
失われた時を求めて〔イザベル・ジロドゥ〕

第 2 部　講　演

【講演 1】フランス契約法・後見法の現在
トマ・ジュニコン（岩川隆嗣 訳）、シャルロット・ゴルディ＝ジュニコン（佐藤康紀 訳）
【講演 2】連続講演会「財の法の現在地」
横山美夏、レミィ・リブシャベール（村田健介 訳、荻野奈緒 訳）

信山社
〒113-0033　東京都文京区本郷6-2-9
TEL:03-3818-1019　FAX：03-3811-3580